吃出食材真滋味

· 50堂打動人心的原味食材料理課 ·

許美雅———著

腳丫文化

簡單的健康飲食法

在舉辦大型健康衛教宣導活動為民眾服務時,常常有民眾提到這樣的問題:「嚴主任,到底什麼樣的食物對身體才是最健康的,我們每天吃的食物種類這麼多,是不是貴一點價格比較有保障呢?怎樣選擇食物,才會讓我們又健康又營養呢?」我常回答他們:「健康、營養的食物,不等於就是貴的食物。」

很多人以為吃價格昂貴的食物就等於是吃到營養的食物,其實價格高的食物,營養價值不一定比較高。行政院衛生署及臺北市各區的健康服務中心都致力於推廣六大類食物、均衡飲食的攝取觀念,每一大類食物都有其不同的營養價值,可以提供維持身體健康必要的營養素,只要達到均衡飲食並注意低油、低鹽、低熱量的烹調方法,就能攝取食物的原味而獲得身體健康。

文山區健康服務中心曾多次與本書作者許美雅營養師合作,共同於社區推廣健康、營養的概念,記得99年10月美雅在文山區社區演講時,不僅能將艱深的營養概念,以民眾能接受的簡單方式做表達,加上幽默、風趣、活潑、生動的衛教方式,以及真實的食物當教具來進行,總是讓與會者實際的加以體驗。而且在愉快、輕鬆的氣氛中學習到營養健康的重要觀念,並經常聽到民眾大聲的說:「哇!好恐怖喔,我居然不知道自己平常不小心的吃進去這麼多的熱量耶」。所以,我想藉由美雅的這本書--《吃出食材真滋味》的出版,可以讓民眾學習到更多簡單又方便的健康飲食方法。

嚴玉實

學歷
* 美國約翰霍普金斯大學公共衛生學院醫療管理暨醫療政策博士候選人（Dr.P.H. Candidate of Health Policy and Management, Johns Hopkins Bloomberg School of Public Health）
* 美國約翰霍普金斯大學公共衛生學院醫療管理暨醫療政策碩士畢業（M.P.H., Johns Hopkins Bloomberg School of Public Health）
* 高雄醫學院護理學系畢業

現代人的健康飲食法

　　民以食為天，是一個非常稀鬆平實的話語，也道盡「吃」對人生的重要性。近年來，外食人口增加，餐飲業蓬勃發展，「吃」的種類及品項琳琅滿目，應有盡有。不過，民眾在滿足口慾之餘，經常會伴隨著「文明病」的發生。根據國內衛生主管單位的調查結果發現，國人十大死因中的前四名，包括了惡性腫瘤、腦血管疾病、心血管疾病和糖尿病等，都與飲食有相當密切的關係。這些數據常披露於媒體，也使得消費民眾警覺到「吃」的品質，且越來越重視「飲食、營養與健康」相關課題。因應民眾的需求，坊間有關營養與健康的書籍，如雨後春筍般不斷冒出。

　　許美雅營養師現任職長庚紀念醫院台北醫學中心，已有十多年豐富的臨床營養經驗，近幾年來更不吝藏私，出版了一系列營養相關的書籍，許營養師願意將個人的營養專業實務及烹飪心得，分享給民眾，其心可佩。她所撰寫的書籍，大都能以簡單易懂的文辭及深入淺出的方式來介紹飲食與營養的相關性，讓讀者更易吸收其精華，應用在日常飲食及烹調上。

　　這次所出版的『吃出食材真滋味』一書，仍承襲一貫的作風，書頁中圖文並茂，配合淺顯易懂的文字與真實呈現的食譜照片，讓得讀者在閱讀時更加輕鬆，而且在無壓力的情境中獲得正確的飲食法。尤其書中提到的三低烹調方法（低油、低鹽、低熱量），符合新國民飲食觀念，這種不可或缺的健康飲食法，可保留菜餚的原味並提高食物的健康性，的確值得讓重視個人健康及想要遠離疾病的現代人參照，期待讀者能日日吃得健康，天天活得快樂。

林鵬翔

現任：中臺科技大學食品科技系副主任
學歷：
* 中興大學 食品暨應用生物科技學系博士
* 輔仁大學 食品營養所碩士
* 中興大學 食品科學系學士
專業證照：中華民國食品技師、中華民國營養師、乙丙級烘焙技術士術科監評

擁有健康，也要享受美食

我很喜歡看著電視上播放的美食節目，那些幕後的功臣大廚們，憑藉手邊尋常的食材，就能變化出許多豐盛的好菜，總讓我懷有高度敬仰孺慕之情。身為市井小民的我們，或許沒有辦法四處遊走四方各國，品嘗各地美食珍饈。所以最好是能自己下廚，除了飽滿荷包，也能色、香、味兼具之外，還可以同時掌握健康之道呢。

平常在診間聽到病人抱怨著諸多健康食材，扼殺了他們對於吃的喜悅和期待；在各地演說時，也不少民眾對健康的飲食是否美味抱持高度懷疑。許多人都堅信，「健康的飲食」通常是不好吃的。難道健康餐真的只能和不美味畫上等號嗎？你真的這麼認為嗎？

這本書就是要改變這個既定思維。屬於健康的，當然也可以美味、可口。我會告訴你如何利用手邊或市場的尋常食材，各種當令的天然蔬果，及常見的魚、肉類等，使用正確而簡單的烹飪方式，變出一道道含有健康營養，又有好滋味的美食。

養生而且適當的飲食觀念，絕對不是只要求你吃某些特定的食物，或是只能用某種烹飪方式，甚至不會絕對嚴禁你攝取某種特定食物。無論你的飲食型態為何？原則上都應該以『均衡飲食』為基礎，再搭配你的個人身體狀況，選擇並且調整飲食方式，配合自己的健康需求，達到健康飲食、維持身體運作正常，進而促使身心平衡發展的目標。

此外，身處高度發展的現代社會，下廚的人口和機會漸漸減少了，我們多了許多外食的機會。身為專業營養師的我，也會告訴你怎麼攝取外食，才能吃得健康又自在。

怎麼吃，才能吃到食材本身的自然滋味？該怎麼料理，才能低油、低糖、低鹽，但是又讓人食指大動，滿足味蕾的享受？

這本書的出版，期望大家都可以在擁有健康的同時，也能享受著美食。

許美雅

CONTENTS / 目次

推薦序1 簡單的健康飲食法 4　　推薦序2 現代人的健康飲食法 6
自序 擁有健康,也要享受美食 8

Part 1

你不能不知道的
全天然飲食法

回歸自然飲食,少吃加工品 16
什麼是「加工食品」? 17

「粗茶淡飯」‧也能津津有味 20
「三高」都是食物害的 21
吃得美味,也可以沒有負擔 21
別讓孩子當「小胖妹、小胖弟」 23

每天少一點‧健康多一點 25
使用「低鈉鹽、海鹽」,你會更健康 26
油脂也要更少一點 28
聰明的減糖小技巧 29

Part 2

挑剔烹調方法,
守護家人的健康

享受「簡單」的料理哲學 32
「簡單烹調」,掌握健康原味 33
要怎麼做到「減油」? 34

外食族‧也能吃對營養 35
美好一天,從吃對早餐開始 35
午、晚餐,這樣吃才能活力滿分 36
飲食有彈性,健康久久久 37

原味料理

和風馬鈴薯燉肉 38
酒烤香草鮭魚 40
健康小尖兵 香菇 Mushrooms 41
蒜泥蒸蝦 42

Part 3

吃四季新鮮蔬果，
離健康更近一步

健康小尖兵 大蒜 Garlic **43**

醬煮鱈魚佐鮮蔬 **44**

豆腐野菜沙拉 **45**

涼拌海味鮮蔬 **47**

普羅旺斯燉菜 **48**

南瓜野菇義大利麵 **51**

橙香雞腿排 **52**

高麗菜洋蔥豬肉卷 **54**

健康小尖兵 高麗菜 cabbage **55**

酸甜薑香涼麵 **56**

夏日木耳甜湯 **59**

蔬果剛剛好‧健康剛剛好 **62**

蔬果吃當季，吃進健康之鑰 **63**

蔬果也是排毒抗癌小尖兵 **63**

蔬果的清洗和保存 **67**

蔬果怎麼清洗？ **68**

適當的保存才能留住養分 **69**

有機不有機‧這樣選更聰明 **70**

什麼是有機農產品？ **71**

自然有機，就能吃出生機 **72**

原味料理

番茄菇卷 **74**

健康小尖兵 番茄 Tomato **75**

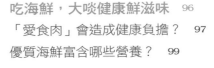

Part 4

吃「肉」，
你可以有更好的選擇

橙香墨魚　76

檸檬鮮鱸魚　78

芒蘋牛肉炒　79

香甜雞腿鮮蔬炒　80

健康小尖兵　鳳梨 Pineapple　81

梅茄鮪魚沙拉　82

番茄腰果炒雞丁　84

健康小尖兵　洋蔥 Onion　85

香蔥蝦仁蛋　86

南瓜鮮蔬濃湯　87

山藥香菇雞湯　88

健康小尖兵　山藥 Common Yam　89

泰式酸辣冬粉　90

蔬菜咖哩飯　91

蒜辣義大利麵　92

健康小尖兵　甜椒 Sweet Pepper　93

吃海鮮，大啖健康鮮滋味　96

「愛食肉」會造成健康負擔？　97

優質海鮮富含哪些營養？　99

原味料理

紫蘇香鮪　102

塔香海瓜子　103

清蒸羊肉湯　104

山藥燉雞湯　105

紅綠炒肉絲　106

健康小尖兵　豬肉 Pork　107

香辣雞柳　108

粉蒸排骨　109

元氣鱸魚湯　110

健康小尖兵　鱸魚 Seabass　111

橙汁香煎鴨胸　112

蝦仁豆腐鍋　113

五香炒蝦仁　114

健康小尖兵　蝦子 Shrimp　115

牛肉蔬菜濃湯　116

健康小尖兵　牛肉 Beef　117

西班牙海鮮燉飯　118

Part 5

這樣喫香草，
讓你不變老

香草入菜，享受原味生活　122
芳香植物帶來的悸動　122
適合居家栽種的香草　123

原味料理

迷迭香烤羊排　124
健康小尖兵 迷迭香 Rosemary　125

紅花海鮮湯　126
羅勒蝴蝶涼麵　129
香草野菇燉飯　130
健康小尖兵 杏鮑菇 King Oyster Mushroom　131
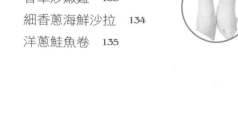
香草醋佐鮭魚排　132
香草炒嫩雞　133
細香蔥海鮮沙拉　134
洋蔥鮭魚卷　135

鼠尾草酒香牛肉　136
健康小尖兵 茄子 Eggplant　137

檸檬百里香烤雞　138
泰味南薑透抽　139
泰式酸子海鮮湯　140
健康小尖兵 香茅 Lemongrass　141

Part 1

你不能不知道的
全天然飲食法

樂活風氣盛行，大家逐漸回歸自然質樸的生活方式。

吃出天然的食物原味，逐漸成為飲食的真正王道。

你每天吃下什麼，就會決定你的健康基礎。

如果你一天到晚都吃加工品或是垃圾食品，就會增加身體的運作負擔喔。

回歸自然飲食，少吃加工品

＋　　＋　　＋

大自然給了台灣人民相當多的恩賜，我們生活在這個四季如春有四面環海的寶島，不管是漁產還是蔬果都不虞匱乏，四季都能吃到不同的當季食材，許多的農產品經過改良培育，甚至是全年都可以品嘗得到。

以前舊時的農村社會，大家都辛苦務農，日常的三餐吃的大多是自家種植或是鄰居贈送的蔬果，下午時分就吃家人自己煮的紅豆湯或是綠豆湯、饅頭等，吃不到什麼特殊的點心。不像是現在，進口的、國內新開發的點心和食物數之不盡，連我家那個五歲的小朋友也經常會吵著要吃零食，糖果、餅乾和飲料……。

大自然給了台灣人民相當多的恩賜，四季都能吃到不同的當季食材。

　　你有沒有細想過，你自己一天之中到底都吃了些什麼？回憶一下，是不是早餐買了火腿蛋吐司、一杯咖啡，中午吃了一碗加了貢丸的乾麵，下午肚子餓了，就吃了一包餅乾、一杯可樂，晚餐或許買了便利商店的微波便當。

　　我在醫院經常要諮詢病患的飲食，發現這些都是上班族很普遍的飲食內容。但是你檢視過，這當中有多少加工食品嗎？早餐中的吐司裡夾了火腿和美乃滋，咖啡中的奶精及糖；中餐的貢丸及辣椒醬；下午茶的餅乾、可樂；晚餐微波便當中為了保存食物而添加的食品添加物……等，都是加工品。

　　瞧！才短短一天，你就吃進多少加工食品？而這些加工食品，對身體會造成什麼樣的健康危機呢？

什麼是「加工食品」？

　　我發現大部分的人都對「加工食品」沒有概念，都誤以為只有零食才算是加工食品。其實，顧名思義，相對於還保留食物原本樣貌的「完整食物（Whole food）」來說，凡是經過各種方式加工而成的食物，就是「加工食物（Processed foods）」。完整食物比較簡單的說，就是指所有的新鮮蔬果、肉類、水產等，因為沒有經過加工，所以還保有許多營養成分，因此保存期限較短，容易腐壞。而加工食物則是天然食材經過高溫、低溫、乾燥、醃漬、發酵等過程，可以方便保存、運送、利用或增加風味。

✽市售加工食品有哪些？

走進超市，你在貨架上可以看到洋芋片、豬肉乾、肉鬆、香腸、火腿、可樂、汽水、乳酸菌飲料、乳酪、餅乾、泡麵、糖果、蜜餞、醬菜、醬瓜、罐頭、鋁箔包飲料等，連冷凍櫃中都可以找到燕餃、魚丸、素雞、冷凍水餃……不計其數。這些都是加工食品，我們常在不知不覺中，吃進了許多加工品。

✽吃多加工食品的壞處？

當然，並不是所有的加工食品都不好，有些加工食品強調，他們讓食材留住更多養分或是新鮮度，但是一般人無法知道、確認各種製程和原料，所以為了健康，大家盡量少吃為妙。

加工食品在製造過程中，往往會經過加熱、加糖、漂白、加入人造色素及香料等，容易流失、破壞許多營養素。通常業者為了迎合消費者的口味，更彰顯食物的色香味，或是延長食品的保存期限，都會添加過多的鹽、糖、味精、防腐劑、氧化油脂等，對健康有害無益。而食用加工食品，也容易吃進含過敏原的食物而不自知。曾有患者緊急送醫，細細追問之下，才發現他當天吃了一包新口味的餅乾，卻沒發現裡面添加了少許的花生，而他是對花生相當敏感的人，才會全身過敏起了紅疹。

我也常看到許多高血壓或是冠狀動脈心臟病患者，總以為減少自製料理中的調

有些加工食品有一般人無法知道、確認各種製程和原料,為了健康,盡量少吃為妙。

味料,就可以有效降低血壓。但是,「鈉」不只存在於食鹽中,加工食品中也含有許多鈉。像是有一個患者雖然努力吃藥,也努力在三餐中減少鹽分,但是他卻很喜歡吃豬肉乾和洋芋片,他以為那些是豬肉和馬鈴薯做的,和鹽無關,於是也不克制食用,當然無法把血壓降下來。如果只是減少調味料,卻在日常飲食中,吃進過多的加工食品,只是事倍功半、效果不彰。

　　不只是如此,有些添加物還會危害健康呢。像是亞硝酸鹽(一種防腐劑),也常被用在魚肉類的防腐保存及醃漬食品中。雖然有規定安全劑量,而少量食用也無害,但是如果長期食用,亞硝酸鹽在胃中會轉換成亞硝酸氨等致癌物質,也會增加罹癌的風險。而食品加工所用的添加劑(如聚磷酸鹽、介磷酸和植酸鈣鎂酸)會與體內或食品中的鈣結合,如果兒童長期大量食用,則對生長發育會有不良影響。

　　因此,我都會建議大家盡量減少食用加工食品,在日常飲食中多吃天然食材,最好是自己動手做料理,雖然麻煩了點,但是這樣才能確保自己與家人的健康。

「粗茶淡飯」‧也能津津有味

\+ \+ \+

我在幫患者開菜單的時候，都希望能多以粗食為主。希
望大家記著調味少一點、料理簡單一點，讓原味多一點
的原則。因為來醫院的多半是患者或是家屬，大家都以
為營養師開的菜單是一種可以讓病症好轉的良藥，但是
我總是不厭其煩的和他們解釋，多吃粗食應該是一種生
活習慣、一種生活態度，它不只是一個治療。

多吃大地賜與的各種原味食材，尤其是當季的最好，因
為大自然有它循環的自然規律，所以當季的食材往往最
具備當時你需要的營養。

☠ 九十八年度國人十大死因

排名	疾病名稱	死亡百分比
①	惡性腫瘤	28.1%
②	心臟疾病	10.6%
③	腦血管疾病	7.3%
④	肺炎	5.9%
⑤	糖尿病	5.8%
⑥	事故傷害	5.2%
⑦	慢性下呼吸道疾病	3.5%
⑧	慢性肝病及肝硬化	3.5%
⑨	自殺	2.9%
⑩	腎炎、腎徵候群及腎性病變	2.8%

「三高」都是食物害的

多吃粗食可以清掃你體內累積的廢物、降三高及預防癌症。尤其是近年來，「三高」一直是個熱門話題，但是三高到底是哪三高呢？

所謂的三高在健康上指的是「高血壓、高血脂和高血糖」，是造成許多慢性病的隱形殺手，像是糖尿病、心血管疾病、肥胖、失眠、感冒等，都可能是三高引起的。我們可以看到98年公布的國人十大死因（98年度），除了癌症仍高居首位之外，心臟疾病、腦血管疾病分居二、三名，而糖尿病則是第五名。而和這些疾病息息相關就是自身的飲食習慣，如果長期持續「高鹽、高油、高糖」的三高飲食，「高血壓、高血脂和高血糖」將會纏身，成為擺脫不掉的健康夢魘。

吃得美味，也可以沒有負擔

我知道很多觀念對大家來說，都是老生常談。也知道現代人因為經常外食，愛吃重口味的食物，像是麻辣鍋、鹽酥雞等，又喜歡喝含糖的飲料，長期高鹽、高

油、高糖飲食。加上面對生活龐大的壓力、下班又不愛運動等習慣，導致罹患代謝症候群的比例愈來愈高。

我經常鼓勵身邊的朋友或是患者，要養成每週規律運動三次、每次至少半小時的習慣，選擇你可以而且喜歡的運動方式，可能是去公園快走、去學習跳舞，或是這幾年很流行的騎單車，只要是你可以做到的運動都好，這樣才能持續的做下去，而且還帶著快樂的心情。

吃東西也是如此，我知道很多人喜歡重口味，食物過於清淡，你或許就覺得人生無趣。但是我並不是要你每天每餐都吃清燙蔬菜、水煮雞肉這些沒有調味的食物。料理的方式有很多，少加了鹽，可以加其他的天然辛香料來開胃。不吃油炸的，其實用烤的也非常美味，好好的運用辛香料和天然香草，甚至是盛在美麗的碗盤，都是開胃的關鍵。

✱ 平常的飲食不宜過鹹

我常常說現代人吃太鹹，但是到底這樣會多不健康呢？以鹽分的攝取來舉例，成人每日的鈉攝取建議量是 2400 毫克，也就是等於食鹽 6 公克。但是大家往往在不知不覺中吃進過多的鹽，像是常見的速食店雞腿堡餐，就含有 1820 毫克的鈉，幾乎占了每日攝取量的七成六；如果吃進一大碗蔥燒牛肉麵，鈉含量就高達 4000 多毫克；喝 1 杯 200c.c. 的杯湯當點心，就攝入每日所需鈉的四分之一；如果一天吃了一包重約 180 公克的話梅，等於吃進 10 天份量的鹽分。看吧，每天的飲食記錄拿出來算一下，是不是吃太多鈉了？

你以為鈉吃多無所謂？如果攝取過多的鈉，就可能會影響血壓值，造成高血壓。也會造成腎臟的代謝負擔。鈉對於體內代謝平衡很重要，如果鈉離子攝取過多，就容易讓過多水分滯留在體內，造成水腫、血液量上升、血壓升高，增加心臟負擔，血糖經常不穩定地上下變化。你是否也在運動後，把運動飲料當水喝，不過我想提醒你，除非你喝的是不含鈉的運動飲料，不然過度飲用也會造成腎臟負擔喔。

✱ 三低輕食，健康自然來

在醫院常常見到前來諮詢的民眾，經常被問到的問題就是：如何減重？如何降三高？基本上藥物和飲食計畫配合雖然可以儘快控制住健康檢查上的數據，但是大家往往忽略了，最重要的還是要從改變作息和習慣作起，飲食上要均衡、營養、清

睡眠充足和固定運動的習慣，這才是維持健康的根本之道喔。

淡，平常睡眠要充足，還要養成固定運動的習慣，這才是維持健康的根本之道喔。

日本將高血壓、心臟病、糖尿病、腦血管疾病、肥胖等，都統稱為「生活習慣病」。顧名思義，是因為生活習慣不健康才導致了這些疾病。所以，應該要儘快導正生活習慣，健康就會一直跟著你。

除了減重、多運動、睡眠時間正常之外，飲食是改善生活習慣病的最大重點，快將「低鹽、低脂、低糖」的健康新概念，融入日常飲食中吧！

別讓孩子當「小胖妹、小胖弟」

我送孩子去學校時，發現不只現代人肥胖問題嚴重，連小學生也經常見到小胖妹、小胖弟，「減肥」逐漸變成全民運動。肥胖不只是外表不好看而已，還會引發許多慢性病的發生。

造成肥胖的原因很多，不過就飲食上來看，如果在飲食中攝取了過多的油脂及卡路里，就會導致體重增加。

BMI 超過 27 就是肥胖。而只要 BMI 每增加 1 單位，血壓就增加 1 毫米汞柱（1 mmHg），壞的膽固醇會增加 2~3%，好的膽固醇則降低 1%，罹患糖尿病的機率也增加 2 倍。而糖尿病患中風的危險性是一般人的 2~4 倍。肥胖也是末期腎病變、非外傷性截肢，及視網膜病變和眼盲最為重要的原因。而高血脂症（即血中的膽固醇或三酸甘油酯過高）更是 50 歲以下病人心肌梗塞的主因。

如何計算BMI？	BMI： $\dfrac{體重（公斤）}{身高（公尺）\times 身高（公尺）}$
	以一個身高 160，體重 50 的女性為例，BMI 則為 19.5

BMI 值判定：

年齡	男生			
	過輕 （BMI＜）	正常範圍 （BMI 介於）	過重 （BMI＞）	肥胖（BMI≧）
11	15.8	15.8~21.0	21.0	23.5
12	16.4	16.4~21.5	21.5	24.2
13	17.0	17.0~22.2	22.2	24.8
14	17.6	17.6~22.7	22.7	25.2
15	18.2	18.2~23.1	23.1	25.5
16	18.6	18.6~23.4	23.4	25.6
17	19.0	19.0~23.6	23.6	25.6
18	19.2	19.2~23.7	23.7	25.6
成人	18.5	18.5~24.0	24	27

年齡	女生			
	過輕 （BMI＜）	正常範圍 （BMI 介於）	過重 （BMI＞）	肥胖（BMI≧）
11	15.8	15.8~20.9	29.0	23.1
12	16.4	16.4~21.6	21.6	23.9
13	17.0	17.0~22.2	22.2	24.6
14	17.6	17.6~22.7	22.7	25.1
15	18.0	18.0~22.7	22.7	25.3
16	18.0	18.0~22.7	22.7	25.3
17	18.3	18.3~22.7	22.7	25.3
18	18.3	18.3~22.7	22.7	25.3
成人	18.5	18.5~24.0	24.0	27

每天少一點·健康多一點

+ + +

「低鹽、低油、低糖」的食物一定不好吃嗎？
其實只要選擇對的調味料，加上當季的新鮮食材，就能
畫龍點睛地為食材加分。
在追求精緻美食之下，日常生活中大家往往都吃入了過
多的鹽（鈉）。現在極力推廣「低鹽、低脂、低糖」的
飲食觀念，一定要日日實踐。接下來，我們就一起來看
看，如何在料理中「低鹽、低油、低糖」。

使用「低鈉鹽、海鹽」，你會更健康

我們前面提過，根據衛生署建議，一天的食鹽攝取量應在6公克以內（鈉攝取量<2400毫克），但是在最新一次的國民營養健康調查（2005～2008年）卻顯示，國內19~64歲男、女性民眾每日鈉總攝取量分別為4580毫克及3568毫克，達國人鈉攝取上限的1.9倍及1.5倍，遠超過建議攝取量。

為了健康，為家人製作減鹽料理勢在必行。減了鹽一定就等於減去料理的美味嗎？其實，減鹽是有技巧的，快跟著下列小技巧，讓全家人愛上美味又健康的減鹽料理吧！

技巧1 先從選對鹽開始

一般家中料理食用的鹽，我大多會使用海鹽或是低鈉鹽，海鹽有自然的鮮甜味，可以提出食材的風味，讓料理更好吃；低鈉鹽則是提高鉀的含量、降低鈉的含量，但是鹹度沒變。這是因為大家都追求精緻的美食，所以日常生活中吃入了過多的鈉，反而造成身體中鉀的不足。

食用低鈉鹽可以不改變鹹味，但是減上一半鈉的攝取量，有助於降血壓、保護血管壁。不過如果是腎臟病人，尤其是有排尿功能出現障礙（像是尿毒症）患者，不可以吃低鈉鹽，因為鉀不能有效排出體外，會堆積在體內會造成高血鉀，而易造成心律不整，心臟衰竭等。

技巧2 善用水果的自然酸味

有些帶有酸味的食材，像是酸子或檸檬、番茄、蘋果、鳳梨等水果，或是加入一些天然釀造醋，像是蘋果醋、黑栗醋、葡萄醋等，也都有一股自然的特殊酸味，能提升料理的香氣，又能促進食慾又開胃，這樣自然能減少調味料的添加。

用1~3個月時間，慢慢減少用鹽量，讓家人習慣健康清爽的料理。

技巧3 善用辛香料及香草、中藥材

只要是天然的辛香料都可以加以運用，像是胡椒、八角、蒜、薑、花椒、辣椒、南薑等辛香料。或是將中藥材入菜，如當歸、枸杞、川芎、紅棗、人參等，也能減少鹽的用量。或是辛香料，像是香菜、草菇、海帶、洋蔥、香草（迷迭香、百里香等）等味道強烈的蔬菜，都能增添料理的美味。

技巧4 減少用醃漬品入菜

醃漬類的食物儘量少吃，如果一定要使用，盡量在料理方式中減少鹽份，像是梅乾菜可以先浸泡兩小時，洗去鹽分後再入菜，而麵線可以先清洗過再煮。

技巧5 別加過多的調味品

注意調味品中鈉含量換算。以常用調味品為例：

> 1小匙鹽＝6克鹽＝2400毫克鈉＝2又2/5大匙醬油＝6小匙味精＝6小匙烏醋＝15小匙番茄醬

我們家也會用調味料的，像是黑麻油、醬油等，不過我都會挑選香氣濃郁的，像是純釀造的黑麻油和不加防腐劑的天然釀造的醬油等，因為香氣濃郁，所以量也不用多。

技巧6 減鹽必須循序漸進

口味的養成需要時間，想讓家人接受減鹽料理，不要躁進，容易引起反彈。可用1~3個月的時間，一邊改變料理的技巧，一邊慢慢減少用鹽量，讓家人慢慢習慣健康的清爽口味料理。

油脂也要更少一點

　　尤其是想要減重的人，平常飲食就要儘量清淡，可以多嘗試低油料理，藉此減少卡路里的攝取，讓人輕鬆減重而沒有負擔。

技巧1 肉類選擇低脂部位

　　盡量選擇較瘦的部位或是肉類，像是雞肉熱量和油脂通常最低，雞胸的脂肪又比雞腿低。而豬肉可選脊背肉、肩肉等部位；牛肉可選菲力、牛腱等部位。

技巧2 肉類先去除脂肪及外皮

　　肉類料理時，可先去皮及肥肉部位。像是把豬肉表層的油脂部分切除。或是除去雞皮再加以烹煮。

技巧3 想吃肉時，儘量選海鮮

　　海鮮蛋白質的含量豐富，熱量低，是比較健康的肉品。不過蝦、蟹等甲殼動物，有些人容易引起過敏反應，要視狀況小心食用。而魚類含有豐富的 EPA 及 DHA 以及優質蛋白質，還有多種維生素、礦物質，可以多吃，尤其是深海魚，更是沒有污染的好食材。

技巧4 多運用食材本身油脂

　　有些肉類本身就帶有油脂，料理時可以減少油的添加，例如煎雞腿或是培根時，可以將皮朝下，不加任何油，逼出食材本身的油脂來烹煮。

技巧5 注意料理的方式和工具

　　料理時避免炒、炸、煎、油酥烹調法，多採用蒸、煮、燙、烤、滷、燉等烹調方式，以減少用油量，也能保留著食材較多的營養。可以使用不沾鍋、微波爐、燜燒鍋等，減少油脂的使用量。

技巧6 選擇不飽和脂肪酸較高的油品

平常可以食用健康的植物油，像是苦茶油、芝麻油、葵花油、芥花油、橄欖油等，盡量避免飽和脂肪酸高的油，如乳瑪琳、酥油等。不過冷壓初榨的橄欖油雖然健康，但是適用的溫度較低，不適合加熱。通常我都會加上一些釀造醋，沾著法國麵包一起吃，這樣吃就相當美味了。

聰明的減糖小技巧

只要多留心平常料理和生活習慣，就能避免過多糖類的攝取，讓家人和自己都能更健康。

技巧1 少吃勾芡的料理

使用太白粉勾芡時，常會把料理的所有調味料和辛香料都包覆在醬汁中，像是爆香的油，加入調味的鹽、糖等，所以勾芡料理經常會在不知不覺中增加了調味料和添加物的攝取，請盡量避免。

技巧2 盡量選擇低 GI 的食材

雖然一樣是米，未精製過的米 GI 值（註1）愈低，如糙米 GI 值 56，精米 GI 值 84。麵類盡量選有色麵條，顏色愈白的 GI 值愈高，如蕎麥麵 GI 值 59，烏龍麵 GI 值 80。蔬菜的 GI 值皆低，不妨可以多吃。

技巧3 多喝開水或是無糖飲品

現代人常常喝太多含糖飲料了，最好的飲品是白開水，就算要喝飲料也要盡量選擇無糖的，如果非常喜歡珍珠等具有口感的飲品，建議可換成無糖的愛玉、蒟蒻、仙草凍、蘆薈等。也可以自製新鮮果汁，不要將渣濾除，這樣才能攝取到水果中豐富的纖維質和果膠質。

註1：升糖指數（Glycemic Index；GI）是用來衡量不同含有碳水化合物的食物，對於血液中葡萄糖（血糖）濃度影響的一種相對指標。指數愈高的食物，就表示在食用之後，血糖濃度升高的速度也相對的較快。

Part **2**

挑剔烹調方法，
守護家人的健康

考慮到家人、孩子的均衡飲食，自己下廚動手做料理才能吃得安心。

但是用烤的好還是炒的好？該油炸還是該清蒸？

只要烹調的方式多多變化，包括蒸、煮、炒、炸、燴……等等，

色、香、味俱全的健康大餐就能端上桌囉。

享受「簡單」的料理哲學

+ + +

你喜歡做菜嗎？當我問這個問題時，很多人都搖搖頭。
我想不願意下廚的原因，除了忙碌的生活之外，繁瑣的
程序和討人厭的油煙味，也是讓人遠離廚房的因素吧。
其實，料理可以不用這麼麻煩。簡單的煮、簡單的吃，
反而更能吃出食材的原味。
自己動手做料理，就是健康的第一步。但是除了選用健
康原味的新鮮食材之外，烹調方式也必須注意是否是低
油、低糖、低鹽。否則，將養生的好食材用不健康的烹
調方式料理，反而會造成身體負擔喔。

「簡單烹調」，掌握健康原味

我平常在家自己做料理時，蔬果大多會採用涼拌或是清燙的方式。我的料理原則就是，可以拌就不用煮，可以燙就不用炒，可以烤就不用炸。就算是炒、燙等，也都是煮到食材熟就好不要加熱時間太久，這樣可以減少營養素的流失。

而烹調上也可以注意下面這些小技巧，就讓你輕鬆吃進更多健康。

[1 避免油炸]

油炸的料理雖然很香，但是高熱量，油脂含量更是驚人，最好是不要使用油炸的方式。若是真的要油炸，麵衣盡量裹薄一點，可減少吸油量；起鍋後可先用吸油紙巾處理再上桌。

[2 採少油烹調]

盡量用蒸、煮、燙、烤、滷、燉的方式，以減少用油量。炒菜時，也可用雞湯代替油，或是用平常油量的一半，另一半以清水取代。魚類料理盡量以清蒸方式代替油炸或紅燒等。

[3 善用烘焙紙]

若想煎肉類，如雞腿排或是牛排時，可先用烘焙紙平鋪在平底鍋上，直接將肉放在烘焙紙上煎熟即可，完全不必使用一滴油，是健康美味的好幫手。

[4 選好油]

儘量選擇含多元及單元不飽和脂肪酸植物油，如橄欖油、芥花油、苦茶油等，避免動物性油脂、乳瑪琳、酥油等油品，容易攝入過多的膽固醇。

[5 湯類製品]

善用撈油網來撈除多餘的浮油，或用吸油紙，起鍋前平鋪在湯上，約5~10分鐘後撈起，可將浮油吸走70％。

[6 烹調用具]

鍋具上多使用不沾鍋、微波爐、悶燒鍋、烤箱等烹調用具，可減少油脂的攝取。

[7 少用油脂含量高之醬料]

　　盡量使用不含油的調味料，少用含高油脂的調味料，像是蘑菇醬、辣椒醬、沙茶醬、義大利肉醬、麻婆醬、洋蔥麵包醬、肉燥、沙拉醬、豆瓣醬等。最好是用天然辛香料來代替調味品，如蔥、薑、蒜、辣椒、花椒、香椿、八角、五香粉、咖哩粉、香菜、九層塔、當歸、人參等。也可以使用上述天然食材來自製健康醬料。

要怎麼做到「減油」？

　　肉類對許多人來說，還是具有相當吸引力的。「無肉不歡」應該也是很多人的心情寫照。不過吃肉也是可以有方法的，在肉類烹調前，先進行以下準備工作，就能讓料理減少油脂。

[1 選購油脂少的部位]	[2 去皮、去脂肪]	[3 少用半成品肉類]

　　想吃到美味的肉類料理，選擇油脂少的部位。牛肉可選牛腿肉、上腰肉、頸肉、腰肉；豬肉選里脊肉、後腿肉；羊肉選前後腿肉和腰肉；禽類選雞肉或火雞，會比鴨、鵝肉脂肪含量低。

　　在調理前先將皮去除，或是把多餘的脂肪用刀切除後再烹調，這樣在調理的過程中，即可有效減少油脂，美味不失，又可以有營養加分的效果。

　　盡量購買看得見食材原貌的食品，不要選擇已經製成漢堡肉或絞肉成品的肉類，因為這樣無法辨別其脂肪含量高低，也無法去除多餘油脂。

外食族‧也能吃對營養

+ + +

我想不只是上班族，會每天下廚的人越來越少了。忙碌的現代人一天中至少有1~2餐的外食，更別說那些離鄉背井、出外奮鬥的遊子，更是幾乎餐餐在外了。但是這些嚐起來格外美味的外食，大多是高油、高糖、高鹽、高熱量，這可是健康大地雷，長期食用不但容易肥胖，更容易罹患代謝症候群、心血管阻塞等疾病。但是無法避免外食的我們，要怎麼選擇，才符合健康原則呢？

美好一天，從吃對早餐開始

你是不是也因為沒時間，就不吃早餐。最近我一直在推廣早餐一定要吃的觀念，因為如果經常不吃早餐，就會造成胃結腸反射的動作逐漸減弱，容易造成便祕及多種健康問題。但是早餐應該怎麼吃，才有益於健康呢？

我每天都會儘量早點起床，幫家人準備早點，這樣才能有豐富的纖維質。但是也常常會有太過忙碌的時候。這時候我就會到現點現做的早餐店，跟老闆訂製健康早點。吐司選擇全麥口味，這樣可以增加纖維及飽足感；也請店家多放一些蔬菜（番茄片、生菜、小黃瓜絲等），美乃滋或奶油等抹醬減半或是不用。

為了健康千萬不要點高熱量的燒餅油條，最好是選擇饅頭夾蛋比較健康。如果你只能到便利商店買早餐，請選御飯糰再加一份生菜沙拉。飲料也要選擇低脂和減糖或無糖。咖啡不要加奶精及糖，盡量不要選擇奶茶等飲品。

早餐吃燕麥片，這也是一種健康早餐的選擇。燕麥片不僅含有豐富的維生素、礦物質，其所含的膳食纖維更可以幫助排便，清除體內廢物，也增加飽足感。建議早餐以低脂牛奶或低糖豆漿搭配燕麥片。

午、晚餐，這樣吃才能活力滿分

上班族的午、晚餐一般大多不是雞腿、排骨便當，就是像是大滷麵、牛肉麵等麵食，纖維質普遍不夠，而且營養也容易不均衡。如果吃便當，我就會建議不要選擇炸雞腿、炸排骨類的主食，或是把油炸外皮剝除後再食用，飯也不要加滷汁，最好是吃一半飯量就好了。選擇比較清淡點的蔬菜，盡量將菜汁甩淨再食用。

如果你到麵店吃午餐，儘量不要點用大滷麵或燴麵等勾芡的麵食，因為勾芡的芡汁都把油料等包覆在湯汁裡；選湯麵比乾麵好，但是不要喝湯，燙青菜請老闆不要淋上油脂偏高的豬油淋醬，改淋少許醬油膏，這樣吃比較健康。

可以到自助餐店挑選食物，請老闆把菜與飯分開，避免菜汁混入白飯，再以下列 3 種搭配方式選擇菜餚：「主菜（*肉類為主*）＋2 道青菜」或「主菜（*肉類為主*）＋半葷食（*有肉有菜*）＋純蔬菜」或「半葷食（*有肉有菜*）＋青菜＋蛋」。如下圖表示：

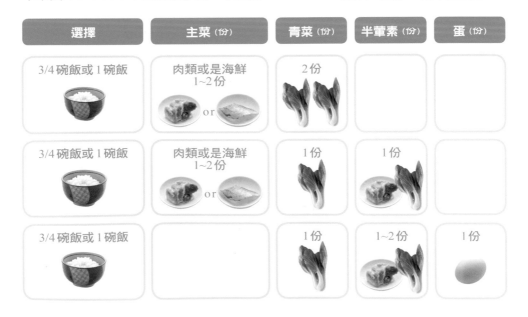

選擇	主菜 (份)	青菜 (份)	半葷素 (份)	蛋 (份)
3/4 碗飯或 1 碗飯	肉類或是海鮮 1~2 份	2 份		
3/4 碗飯或 1 碗飯	肉類或是海鮮 1~2 份	1 份	1 份	
3/4 碗飯或 1 碗飯		1 份	1~2 份	1 份

飲食有彈性，健康久久久

　　雖然大家都知道健康飲食對身體的重要性，也了解到「早餐吃得飽、午餐吃得好、晚餐吃得少」的飲食規則，但是真正能確實做到的人卻少之又少。很多人都是嚴厲要求自己實行幾天之後，發現難以達成，然後就放棄了，開始縱容自己暴飲暴食，或是吃一些垃圾食物。

　　健康的飲食方法要維持的久，我們可以隨著每天狀況加以調整。使用每日總熱量來做飲食上的搭配依據，每人每天的熱量需求估算法如下：

　　◎ 辦公室人員、售貨員等輕度工作者，一天需求熱量為 30 大卡×目前體重（指正常體重者）。

　　◎ 護士、褓母、服務生等中度工作者為 35 大卡×目前體重。

　　◎ 運動員、搬家工人等重度工作者為 40 大卡×目前體重。

　　像這樣算出每日應攝取的熱量後，可隨著每日不同的狀況來調整。像是如果晚上有聚會，要吃大餐，午餐就可以吃得簡單一些，將每日的總熱量控制好。進食順序則為先喝湯（以清湯代替濃湯）→多吃蔬菜→肉、飯。

　　而且，飲食要更多元化，如果你午餐只吃了一碗湯麵，晚餐就可以選擇自助餐，補足蔬菜量；要是白天沒空吃水果，晚上可以補充 1~2 份水果。但是要記得，每餐只吃 7~8 分飽，睡前 3~4 小時不可以再進食了。因為胃要將食物排空需要 2~2.5 個小時，否則會影響消化和睡眠，所以，切記！不可以貪嘴吃宵夜喔。

和風馬鈴薯燉肉

 醣81公克　 油脂41公克　 鹽3951毫克

這是一道蛋白質滿滿的元氣料理喲！

{ 材料 }

馬鈴薯	2個
紅蘿蔔	1根
洋蔥	2個
木棉豆腐	2塊
蒟蒻	2塊
梅花肉	8片
水	2杯

調味料

薄鹽醬油	1杯
橄欖油	2小匙
糖	2小匙
低鈉鹽	適量

{ 作法 }

1. 馬鈴薯、紅蘿蔔均洗淨、削皮，切滾刀塊；洋蔥去皮，切絲；木棉豆腐、蒟蒻洗淨，切塊，均備用。

2. 將橄欖油放入鍋中，放入洋蔥絲爆香，再加入馬鈴薯、紅蘿蔔、蒟蒻、水及其他調味料後，燉煮約15~20分鐘。

3. 放入木棉豆腐、梅花肉，再燉煮約5~7分鐘，起鍋前將鍋裡的雜質撈除即可。

吃出原味感動 ──「馬鈴薯」

　　馬鈴薯加上帶著自然甜味的洋蔥一起燉，吃起來綿密軟嫩，加上豆腐和紅蘿蔔也能吸收鮮美的醬汁，十分入味。而馬鈴薯含有豐富的鉀，能結合身體中過多的鈉、排除體內的廢物，是可以降低血壓的健康好物。

料理方式

燉

利用燉煮方式烹調料理，能將油量減低，
而且讓健康更加分。

原味料理
酒烤香草鮭魚

醣 19.9 公克　油脂 43 公克　鹽 570 毫克

簡單又無油煙的烤鮭魚料理，輕輕鬆鬆就把健康美味端上桌。

【材料】

鮭魚	2片
洋蔥	1顆
香菇	4~5朵
蘆筍	6支
檸檬	½個
百里香	少許

調味料

橄欖油	1大匙
鰹魚粉	少許
清酒	2大匙
薄鹽醬油	3大匙

【作法】

1. 洋蔥去皮，切絲；香菇洗淨，切片；蘆筍洗淨，切小段，均備用。

2. 錫箔紙上塗些橄欖油以防沾黏，均勻放上所有蔬菜。

3. 將鮭魚放在蔬菜上，灑上鰹魚粉、清酒和醬油。

4. 將錫箔紙包起，放進烤箱，以200℃烤約15~20分鐘。

5. 錫箔紙打開後，灑上薄鹽醬油、檸檬汁、百里香即可。

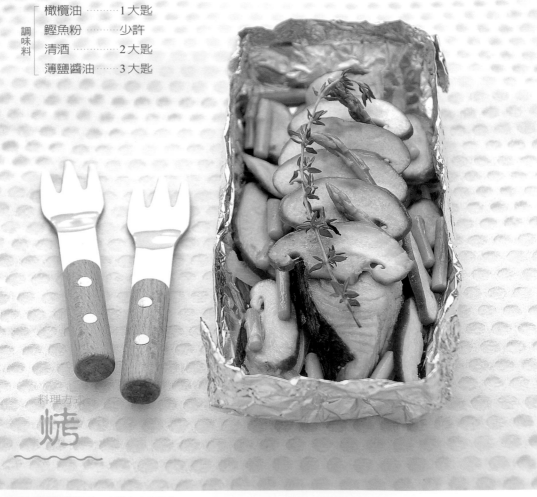

料理方式
烤

香菇 *Mushrooms*

挑選菇傘肥厚，皺摺明顯者。

菇柄短而粗者為佳。

盛產季（旬）：

月	1	2	3	4	5	6	7	8	9	10	11	12
果	◐	◐	◐	◐	◐	◐	◐	◐	◐	◐	◐	◐

健康功效：

預防心血管疾病、增強免疫力、鎮定神經

增強免疫力

香菇中肌苷酸是主要的鮮味來源，加入料理中可以提升鮮甜風味。而且香菇的口感厚實而且甘醇多汁。富含高蛋白、低脂肪、低碳水化合物，富含維生素和礦物質、膳食纖維等等，可以降血壓、血脂及預防心血管疾病及動脈硬化。最特別的是香菇中含有多醣體，可以增加身體免疫力，幫助對抗病毒及癌症。

但是唯一要注意的是，香菇中含有高量的普林，腎臟病患者及痛風患者不可多吃，因為普林會在身體中產生大量尿酸。

香菇買回後可以放入冷藏儲放一周左右，乾香菇只要避免潮濕則可以存放較久。所以一般人多購買乾香菇來使用。

烹調運用

常用的香菇有新鮮香菇或是乾燥的兩種，乾燥香菇必須覆水後才能使用。可以使用熱水適量泡發，不要泡太久，以免鮮味流失。

蒜泥蒸蝦

 醣7.5公克　 油脂7.7公克　 鹽982毫克

充滿誘人的蒜香，無油低卡，健康滿點。

{ 材 料 }

蝦子	8尾
盒裝豆腐	1盒
青蔥	適量
大蒜	3大匙
薑	1½大匙
紅辣椒	1大匙

調味料 ┃ 米酒 ……… 少許
　　　 ┃ 低鈉鹽 ……… 2大匙

{ 作 法 }

1. 青蔥、辣椒、薑洗淨，切末；大蒜去皮膜，磨成泥，蒜泥、薑末，紅辣椒和調味料混勻，均備用。

2. 鮮蝦洗淨，背部切開，挑出腸泥；豆腐切片，平鋪在餐盤上。

3. 鮮蝦依序排在豆腐上，將調味料均勻地淋於蝦肉上，放入電鍋中蒸約8分鐘，起鍋時再灑上蔥末即可。

料理方式

蒸

只要蒸到蝦子變紅色就可以了，
10分鐘就能快速上桌。

挑選蒜頭大、蒜瓣大者。

大蒜 *Garlic*

盛產季（旬）：

月	1	2	3	4	5	6	7	8	9	10	11	12
果	○	○	○	○	○	○	○	○	○	○	○	○

健康功效：

防癌、促進新陳代謝、消除疲勞、預防動脈硬化

蒜皮具有保護作用，選蒜皮緊密完整者。

預防動脈硬化

　　大蒜味道濃郁，所以喜好相當兩極，喜歡的人非常喜愛，但是討厭大蒜味道的人也不在少數。大蒜是中國菜中常被使用在爆香上的辛香料。大蒜中具有蒜素，具有殺菌功用，對大腸桿菌、結核桿菌等多種病菌，都有抑制作用。而且還含有豐富的維他命B1可以促進腸胃道蠕動。大蒜還有很強的防癌功效，能促進新陳代謝、消除疲勞，也能防治動脈硬化，對高血壓、心臟病患者很好。食用蒜頭也能提高人體免疫力系統，預防流行性感冒、安定神經。

　　雖然近年來大蒜逐漸成為抗癌的明星健康食品，但是盡量不要空腹吃，以免蒜素過於刺激而使胃酸分泌過多，尤其是腸胃道不佳的讀者，必須酌量食用。

烹調運用

　　除了爆香之外，大蒜用在涼拌菜也很常見，或是加入醋中釀製、加入冰糖、醋一起煮成糖醋蒜等，都是可以加以變化的吃法。

醬煮鱈魚佐鮮蔬

 醣19.3公克　 油脂1.8公克　 鹽968毫克

鱈魚加上蔬菜，各種營養素統統都有了。

〔材料〕

鱈魚	2~3片
無鹽高湯	1杯
豌豆莢	50公克
青花菜	50公克
蔥白	適量
薑	適量

調味料		
	薄鹽醬油	3大匙
	味醂	1½大匙
	砂糖	1大匙
	清酒	1½大匙

吃出原味感動

　　口感細嫩的鱈魚和豌豆莢、青花菜等都沒有濃郁的味道，所以加入醬油、味醂等一起煮，充滿日式的恬淡香氣和口感，也可以加入半塊嫩豆腐一起煮也很好吃。鱈魚是蛋白質的良好來源，並含維生素 E、B₁、不飽和脂肪酸及鈣、磷、鐵等多種營養素，有助於降低膽固醇、防治心血管疾病，增進大腦發育和記憶力。

〔作法〕

1. 薑洗淨，切片；蔥白洗淨，切絲後泡冰水；豌豆莢洗淨，去老絲；青花菜切小朵，洗淨；豌豆莢、青花菜放入滾水中燙熟、撈起；鱈魚洗淨，用滾水淋上表面去腥，均備用。

2. 將無鹽高湯放入鍋中，加入薑和所有調味料，開中火煮滾。

3. 再將鱈魚放入醬汁中，加蓋燜煮約6~8分鐘，拿掉鍋蓋，一邊用湯匙將鍋中醬汁淋上於表面讓其入味，等醬汁慢慢變少，魚身附著醬色，再將魚盛入盤中，淋上剩餘醬汁，最後放上蔥白絲、豌豆莢、青花菜即完成。

原味料理
豆腐野菜沙拉

醣 17.6 公克　油脂 14.6 公克　鹽 318 毫克

紅、黃、白、綠、黑，五色蔬果全部都俱備，當然愈吃愈健康囉。

{ 材料 }

羅蔓	數片
絹豆腐	1 大塊
小番茄	4 顆
小黃瓜	1 支
洋菇	6 朵
蘆筍	3 支
黃甜椒	½ 顆
海苔絲	少許

調味料
美乃滋	2 大匙
黃芥末醬	½ 小匙
味醂	2 小匙

{ 作法 }

1. 所有蔬菜洗淨；洋菇切片，蘆筍切段，均放入滾水中燙熟，冷卻備用。

2. 羅蔓切適口小片；小番茄對切；小黃瓜切斜段；黃甜椒切絲，均備用。

3. 調味料混勻後。再將所有蔬菜、豆腐、調味料放入大碗中，盛盤時灑上海苔絲即可。

吃出原味感動 ──「羅蔓」

　　把所有的新鮮蔬菜加上豆腐拌在一起，淋上帶點嗆味的黃芥末醬，這道沙拉除了爽口之外，辛辣芳香而且味道獨特。羅蔓是萵苣的一種，可以解熱生津、清心涼血、預防便祕。其含鉀量高，也可以利尿、改善排尿不順的情形，對預防老化也有幫助。

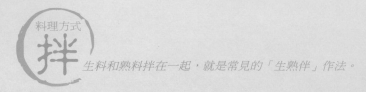

料理方式

拌

生料和熟料拌在一起，就是常見的「生熟伴」作法。

涼拌海味鮮蔬

醋16.9公克 油脂0.7公克 鹽3415毫克

檸檬汁提出海蜇皮的鮮滋味，讓人著迷。

〔材料〕

甜椒 ………… ½顆	調味料 ┌ 檸檬汁 ……… 2大匙
綠豆芽 ……… 40公克	└ 魚露 ………… 適量
西洋芹 ……… 1支	
青木瓜 ……… 60公克	
小黃瓜 ……… 30公克	
海蜇皮 ……… 40公克	
蒜頭 ………… 4瓣	

〔作法〕

1. 西洋芹、甜椒、小黃瓜洗淨，切絲；青木瓜去皮，切絲；蒜頭去膜，切成蒜末；綠豆芽、海蜇皮洗淨，均備用。

2. 綠豆芽、海蜇皮放入滾水中汆燙、撈起；海蜇皮切絲，再放入冷開水浸泡；調味料混勻，備用。

3. 將所有材料放入盤中，淋上調味料拌勻即可。

吃出原味感動 ──「海蜇皮」

　　乾物的海蜇皮經過醃漬，所以口味比較鹹，必須經過清洗，而且調味上要多加注意鹽份。海蜇皮是低脂、低膽固醇的食物，富含膠質，對維持肌膚彈性有良效，更因為其低熱量的特性，十分適合想要減肥的愛美女性食用。

普羅旺斯燉菜

 醣 34.4 公克　 油脂 18.9 公克　 鹽 611 毫克

把所有蔬菜都燉得入味又軟嫩，不管是大人或小孩都很喜歡吃。

{ 材料 }

洋蔥 ················· 1 顆	
茄子 ················· 1 條	
紅甜椒 ··············· 1 顆	
黃甜椒 ··············· 1 顆	
小黃瓜 ··············· 1~2 小條	
蒜頭 ················· 6 瓣	
番茄罐頭（整粒）　1 罐	
橄欖油 ··············· 2 大匙	

調味料：
普羅旺斯綜合香料 ············· 2 小匙
黑胡椒 ··· 適量

{ 作法 }

1. 洋蔥去皮膜，切片；茄子洗淨，切段；小黃瓜及紅、黃甜椒洗淨，切塊；蒜頭去皮膜，切末；番茄罐頭內的番茄取出，切小塊，番茄汁留著，均備用。

2. 燉鍋中放入橄欖油，爆香蒜頭與洋蔥，中火慢慢炒香後，再放入茄子、小黃瓜、甜椒。

3. 拌炒約 5 分鐘後倒入番茄罐頭、普羅旺斯綜合香料、黑胡椒，小火加蓋燉煮約 20~30 分鐘，煮至蔬菜熟軟即可。

吃出原味感動

　　將甜椒、茄子、小黃瓜、洋蔥等蔬菜煮在一起，凸顯出不同蔬菜的層次風味，一口吃下逐漸釋放鮮甜，每一口咀嚼都會刺激著味蕾。小黃瓜口感細緻脆嫩，熱量低而且含豐富營養，被封為「最佳美容食品」。料理方式變化很多，可涼拌生食、串燒、焗烤、切片炒食、炸天婦羅、濃湯、切絲和麵糊煎成餅等。

料理方式

燉

運用大量蔬菜細火燉煮的法式家常料理，美味又養生，也可以沾麵包及拌飯食用。

野菜

料理方式

捨棄了奶油醬汁，用具有健康概念的南瓜煮製醬汁，
不但口感極佳，營養更是百分百。

南瓜野菇義大利麵

 醣407.9公克　 油脂41.7公克　 鹽1154毫克

秋天是吃南瓜的大好季節，來一盤最對味的健康義大利麵吧！

〔材料〕

義大利麵 …… 480公克	
南瓜 …… 300公克	
洋菇 …… 5朵	
青花菜 …… 150公克	
培根 …… 4片	
牛奶 …… 500c.c.	
橄欖油 …… 1大匙	

調味料
低鈉鹽 …… 適量
黑胡椒 …… 適量

〔作法〕

1. 南瓜削皮、切薄片；洋菇洗淨，切片；青花菜洗淨，切小朵；培根切小塊，均備用。
2. 將南瓜放入鍋中，用橄欖油炒香，一邊加入牛奶一邊攪拌，一面壓碎南瓜，再放入果汁機中扑細。
3. 鍋中加水，放些許低鈉鹽，放入義大利麵，煮熟後撈起。
4. 用煮麵的水汆燙洋菇、青花菜、培根。
5. 將義大利麵、南瓜醬汁、洋菇、青花菜、培根放入平底鍋中，用小火略煮、攪拌均勻，再加入少許低鈉鹽及黑胡椒即可。

吃出原味感動 ──「南瓜」

　　南瓜本身的味道比地瓜更加香濃鮮甜，用炒的或是用蒸熟的都可以，儘量不要用煮的，以免甜味被煮入水中而流失。南瓜加上牛奶的濃稠香醇，自然散發的香氣讓這道義大利麵更引人食指大動。

原味料理

橙香雞腿排

 醣 29.3 公克　 油脂 14.6 公克　 鹽 908 毫克

酸酸甜甜的柳橙汁，可以降低雞腿的油膩感。

〔 材料 〕

去骨雞腿排 ………… 3 片

柳橙 ……………… 2 顆

調味料

A

| 薄鹽醬油 ‥ 1 小匙 |
| 低鈉鹽 ‥‥ 少許 |
| 砂糖 ‥‥‥ 少許 |
| 檸檬汁 ‥‥ 1 小匙 |

B [砂糖 ‥‥‥ 1 大匙

〔 作法 〕

1. 柳橙洗淨、削皮，皮切成絲，柳橙擠汁備用；雞腿排
   洗淨，切除部分脂肪，在背後用刀畫出一些淺痕，加
   入 A 料、柳橙汁 1 小匙醃漬。

2. 平底鍋加熱，雞腿皮面朝下乾煎，將兩面煎熟，起鍋
   切成小塊。

3. 另一鍋放入 B 料的砂糖煮溶，倒入剩下的柳橙汁煮至
   稍微濃稠，放入雞腿塊拌炒至湯汁快要收乾，起鍋前
   加入橙皮絲稍微炒勻即可。

吃出原味感動

　　使用新鮮的柳橙汁去調醬比使用濃縮汁更清爽，再加上一點
點的檸檬汁提酸。雞腿採用無油乾煎法，下鍋時利用雞腿皮貼鍋
內，逼出雞皮本身的油脂，利用向食物借油的方式，這樣不但天
然，而且更充滿了健康概念。

料理方式

煎

不加任何油脂的乾煎，讓雞腿吃起來不油不膩。

原味料理

高麗菜洋蔥豬肉卷

 醣 12.5 公克　 油脂 47 公克　 鹽 889 毫克

清甜爽口的高麗菜卷，不但無油又美味，料理方式更是簡單又方便。

{材料}

高麗菜 ……6~7 片
豬絞肉 ……400 公克
洋蔥 ………½ 個
雞蛋 ………1 個
青蔥 ………6~7 根

調味料
低鈉鹽 ……½ 小匙
薄鹽醬油 2 小匙
鰹魚粉 ……½ 小匙
黑胡椒 ……適量

{作法}

1. 洋蔥切丁，炒至透明後放冷，備用；高麗菜洗淨；青蔥洗淨。
2. 煮一鍋水燒熱，放入少許低鈉鹽，再放入高麗菜葉汆燙至軟，撈起、泡冷水冷卻；取部分熱水泡軟青蔥，撈起，一樣放入冷水中。
3. 將豬絞肉、洋蔥丁、雞蛋、低鈉鹽、薄鹽醬油、鰹魚粉一起攪拌均勻，揉至黏稠狀。
4. 將高麗菜葉瀝乾鋪平，放上適量作法 3 的絞肉，捲起後用青蔥綁起。
5. 最後放入電鍋中，蒸約 10~12 分鐘至熟即可。

料理方式

蒸

選擇葉片清脆細緻、無乾枯者。

球體比較蓬鬆者較佳。

高麗菜

cabbage

盛產季（旬）：

月	1	2	3	4	5	6	7	8	9	10	11	12
果	🍎	🍎	🍎	🍎	🍎	🍎	🍎	🍎	🍎	🍎	🍎	🍎

健康功效：

抗癌、促進腸胃蠕動、消炎、預防感冒

促進腸胃蠕動

　　高麗菜有綠色高麗菜和紫色高麗菜等，其性質溫和，屬於十字花科蔬菜，這類蔬菜都含有異硫氰化物、類胡蘿蔔素、維生素 C 等，具有抗癌效果。還含有維生素 K，有助於防止血液凝固、增強骨質；維生素 U 具有保護黏膜細胞的功效，能修復體內受傷組織的作用，改善胃潰瘍和十二指腸潰瘍等症狀。

　　高麗菜含有豐富的纖維質，可以促腸胃蠕動，幫助排便，但是如果腸胃道消化功能不佳者，或是脾胃虛寒者，最好是酌量食用。

烹調運用

　　高麗菜含水溶性維生素，所以最好不要水煮，以免營養流失，可以炒食、生食或是打成汁飲用最好，尤其是胃潰瘍者，可以每天空腹喝 200~400c.c. 高麗菜汁來幫助癒合。

原味料理
酸甜薑香涼麵

 醋248.5公克　 油脂26.1公克　 鹽1126毫克

{材料}

蕎麥麵 ⋯⋯⋯300公克	
蔥 ⋯⋯⋯3支	
小黃瓜 ⋯⋯⋯200公克	
紅蘿蔔 ⋯⋯⋯200公克	
薑 ⋯⋯⋯100公克	

調味料
- 薄鹽醬油膏 3大匙
- 烏醋 ⋯⋯⋯5小匙
- 砂糖 ⋯⋯⋯5小匙
- 香油 ⋯⋯⋯1大匙
- 水 ⋯⋯⋯適量

{作法}

1. 蔥洗淨，切末；薑洗淨，磨成薑泥；紅蘿蔔去皮，與小黃瓜一起削成絲，備用。
2. 將調味料拌勻，加入薑泥成薑香醬汁備用。
3. 湯鍋中倒入適量水煮滾，放入蕎麥麵煮熟，撈起，放入冰水中冷卻、瀝乾。
4. 蕎麥麵盛盤後，放上小黃瓜絲、紅蘿蔔絲，最後灑上蔥花，食用時沾食薑香醬汁即可。

吃出原味感動

　　炎炎夏日，來道充滿薑香、酸酸甜甜的涼麵，不但開胃，而且能一消炙人的暑氣。小黃瓜熱量低、水分多，還富含了維生素C、E，具有美白、抗氧化的效果，還有促進體內環保、預防便祕，非常適合減重中的女性食用喔。

料理方式
拌

Q滑的麵條拌入新鮮細切的小黃瓜和紅蘿蔔絲，
清爽的滋味讓人十分驚喜。

料理方式

煮

用電鍋煮也相當方便，
輕輕鬆鬆就可以煮出一碗清甜退火的好滋味。

原味料理

夏日木耳甜湯

 醣39.1公克　 油脂0.5公克　 鹽87毫克

白木耳含豐富膠質，可以讓皮膚更滋養，而且具有延緩衰老的效果。

〔 材料 〕

白木耳 ……… 80公克
枸杞 ………… 15公克
紅棗 ………… 12顆

調味料 ｜ 冰糖 ………… 適量

〔 作法 〕

1. 白木耳洗淨，去蒂；紅棗洗淨，去籽，均備用。
2. 將白木耳、枸杞、紅棗、冰糖一起放入鍋中，加入適量水蓋過食材。
3. 將鍋放入電鍋中，外鍋加2杯水一起燉煮至熟即可。

吃出原味感動 ──「白木耳」

　　甜湯爽口而且清甜，不但適合夏日冰涼飲用，還有助於養顏美容。白木耳含有17種胺基酸，還有粗纖維、磷、鐵、鉀等，可以增強新陳代謝，具有潤肺生津、益氣和血、滋陰養胃等功能，對老年人慢性支氣管炎也相當有用。

Part 3

吃四季新鮮蔬果，
離健康更近一步

台灣四季生產的蔬菜水果，是大自然對我們的恩賜。

不虞匱乏的營養，源源流入身體之中，被身體吸收、運用。

今天想吃什麼呢？

我想，就多吃一些天然的蔬食和新鮮水果吧。

蔬果剛剛好・健康剛剛好

+   +   +

最近電視上不是經常可以看到蔬果汁的廣告,強調「天天五蔬果」嗎?根據衛生署的建議,想要永保健康,每天至少必須要吃足600公克的蔬果,換算成份數就是5份,蔬菜3份、水果2份。以蔬菜來說,一份是100克,生食約一個拳頭大,煮熟約1/2個拳頭大;水果生食的份量也是約一個拳頭大,打成果汁飲用,大約是180c.c.的量(最好不過濾、不加糖)。

蔬果吃當季，吃進健康之鑰

　　隨著蔬果品種的改良、農業技術的進步，加上保鮮技術，讓蔬果更耐儲運，所以大家隨時都可以吃到各式蔬果。但是大自然的運行是有其節奏的，每種蔬果都有最適合生長的時節，稱之為「當令蔬果」。而且當令蔬果通常產量多，價格也比較便宜。

　　不合時節生長的蔬果體質較弱，自然需要更多的農藥來保護其免受病蟲害，還有植物生長激素的運用等問題，長期吃這些非當季的蔬果，等於吃進過多化學物質。所以蔬菜水果當然都是吃當季的，最健康也最美味。

蔬果也是排毒抗癌小尖兵

　　新鮮的蔬菜水果裡，含有豐富的維生素、礦物質及膳食纖維，膳食纖維能避免便祕不適，降低血清膽固醇，減少有害物質被吸收，也能減低癌細胞形成機率；而維生素 A、C、E、胡蘿蔔素等，具有良好的抗氧化作用，減少自由基對身體的傷害。

　　還有，不同顏色的蔬果含有不同的植物化學成分（Phytochemicals），如番茄、胡蘿蔔裡含有的酚酸，十字花科蔬菜中含有的酚酸、異硫氰酸鹽，葡萄、綠茶中含有的多酚類等等，這些成分對細胞從正常狀態轉變成癌細胞具有明顯抑制能力，是非常有益於抗癌的成分。我們來看看最健康的蔬菜水果排行榜吧。

蔬菜營養排行榜

◎ 低熱量蔬菜前10名

排名	品名	每100克的熱量（kcal）
👑 ①	蘆薈	4
②	蕗蕎	10
③	萵苣	11
④	川七	12
⑤	包心白菜	12
⑥	小白菜	13
⑦	美國芹菜	13
⑧	鵝仔白菜	13
⑨	冬瓜	13
⑩	油菜	14

◎蔬菜中的維生素C前10名

排名	品名	每100克中維生素C含量（mg）
👑 ①	香椿	255
②	綠豆芽	183.6
③	辣椒	141
④	食茱萸	116.8
⑤	甜椒	94
⑥	油菜花	93
⑦	荷蘭豆菜心	92
⑧	球莖甘藍	89
⑨	野苦瓜	87
⑩	野苦瓜嫩梢	86.2

◎蔬菜中的膳食纖維前 10 名

排名	品名	每 100 克中膳食纖維含量（g）
👑①	食茱萸（紅刺蔥）	16.8
②	野苦瓜嫩梢	8.8
③	薄荷	7.5
④	辣椒	6.8
⑤	牛蒡	6.7
⑥	紅梗珍珠菜（角菜）	6.7
⑦	角菜	6.1
⑧	香椿	5.9
⑨	野苦瓜	5.1
⑩	野莧	4.3

水果營養排行榜

◎低熱量水果前 10 名

排名	品名	每 100 克的熱量（kcal）
👑①	椰子	18
②	西瓜	25
③	新疆哈蜜瓜	25
④	狀元瓜	28
⑤	香瓜	30
⑥	哈蜜瓜	31
⑦	文旦	32
⑧	桔子	32
⑨	檸檬	32
⑩	小玉西瓜	32

◎水果中的維生素C前10名

排名	品名	每100克中維生素C含量（mg）
👑 ❶	釋迦	99
②	香吉士	92
③	龍眼	88
④	奇異果	87
⑤	泰國芭樂	81
⑥	土芭樂	80.7
⑦	甜柿	79
⑧	木瓜	74
⑨	聖女番茄	67
⑩	榴槤	66

◎水果中的膳食纖維前10名

排名	品名	每100克中膳食纖維含量（g）
👑 ❶	黑棗	10.8
②	人蔘果	9
③	紅棗	7.7
④	百香果	5.3
⑤	土芭樂	5
⑥	仙桃	4.8
⑦	柿子	4.7
⑧	石榴	4.6
⑨	榴槤	4.4
⑩	金棗	3.7

蔬果的清洗和保存

+ + +

我們家非常喜歡吃蔬果,當然,也或許是我學營養的關係,我特別注意家中蔬菜水果的補充。但是有了新鮮的好食材,前處理也是很重要的。

現代人都很忙碌,或許你也會利用假日買回一週的蔬菜,泡入水中浸30分鐘,然後將全部蔬菜一次洗好,切好分裝在各個保鮮盒裡,每餐拿出來炒。對於忙碌的你來說,這樣做或許方便很多,但是,切開後冰存這麼久,營養早就流失殆盡。蔬果買回來後,為了要保持鮮度,前處理是相當重要的。

蔬果怎麼清洗？

　　清洗的目的，除了要去除泥土、灰塵和蟲之外，也要洗去農藥。我知道或許你在沖洗後，也會把蔬果浸泡鹽水或是清水中，甚至購買專用洗潔劑，但是我還是要建議，流水沖洗是最好的方式，可以帶走表面的農藥。洗潔劑容易殘留，而鹽的拿捏如果沒掌握好，反而會攝取入更多的鈉，對健康還是有危害，所以還是少用為妙。清洗上有幾個重點需要注意。

[1 葉菜類]

　　像是小白菜、青江菜、空心菜等，應該先洗再切，先將根部去除後以流水沖洗乾淨再切成適當大小。

[2 瓜果根莖類]

　　像是蘿蔔、馬鈴薯、苦瓜、蕃薯等，可以直接在流水下用軟毛刷洗，洗完後再去皮。

[3 包葉菜類]

　　像是高麗菜、大白菜、甘藍菜等，應先去除外葉，每片葉片分開剝開，泡入清水中約 5分鐘，再以清水沖洗、分切或是以手撕成所需要的大小。

[4 需要去皮的水果]

　　像是荔枝、柑橘、蘋果、木瓜等，也是直接在流水下用軟毛刷洗，洗完後再去皮。

[5 不需去皮的水果]

　　像是小番茄、草莓、葡萄等，葡萄先用剪刀剪除根莖，不要用手拔的，然後再以流水沖洗。

適當的保存才能留住養分

　　蔬果的保存上也相當重要，當然最好的方式是吃多少準備多少，因為儲放越久營養素流失越多，但是現代人很忙碌，要當餐甚至當天購買都不容易，那麼可以將葉菜類或是其它根莖類互相搭配食用。防止食物乾枯，將它們放在冰箱中的蔬果儲存櫃或是塑膠袋中。而水果買回後先不要清洗，在塑膠袋上戳洞再冷藏，讓水氣散發，或是直接使用紙袋裝好再放入冰箱，這樣也可以防止水分蒸散。

[1 葉菜類、豆莢類]

[2 辛香料]

[3 根莖類、包菜菜類]

　　葉菜類不耐久放，保存越久，維生素和礦物質流失的越嚴重。尤其是維生素 C，存放到第三天就會流失 20%。要防止它們脫水，保存前可以先將根部泡在冷水中，讓它吸收水分；再噴一些水在綠色葉菜上，避免脫水。也有人直接用餐巾紙沾濕，包裹葉菜類根部後再放入冰箱，這樣可以維持葉菜的水分。豆莢類喜歡水份，放入塑膠袋後再放入冰箱儲存。

　　保存時最好是連外皮都很完整的。大蒜的保存方式和洋蔥一樣，可以放入網袋中掛在室內陰、涼通風處，或是放在有透氣孔的專用罐中。而老薑不適合冷藏保存，可以放在通風處和沙土裡，嫩薑則可以先用保鮮膜或是塑膠袋包起來，再放入冰箱儲存。

　　平常可以儲放比較耐儲存的蔬菜，像是馬鈴薯、甜菜、紅蘿蔔、蘿蔔、洋蔥、冬瓜、蕃薯、南瓜等，還有花椰菜、包心菜等可以用包鮮膜或是報紙包好，放在通風、陰涼處就好。

有機不有機·這樣選更聰明

+ + +

小時候,阿嬤家的農田裡,總是會留著一小窪地,或是家旁邊的大水溝邊,種著各種蔬菜、水果,但是不灑農藥,菜經常被蟲咬得醜醜的,阿嬤總是說:自己吃的,醜一點沒關係啦。那時候的阿嬤不知道什麼是有機,什麼是樂活,但就是很單純的想要更健康而已。

有機樂活的風潮前幾年一股腦地吹進台灣。不,應該是說吹進全世界。大家開始重視食物的農藥和環境物染的問題,這是因為人們開始越來越愛自己了,所以更重視自身的健康及環境保護,讓台灣近年來的有機產業蓬勃發展。但是吃有機的蔬果,真的就能獲得健康嗎?

什麼是有機農產品？

　　首先，你應該先知道何謂「有機」？要栽種「有機」的農產品，農地必須經過3~5年的休耕，須通過重金屬、亞硝酸鹽及灌溉水源是否受污染檢測，同時與隔壁農田必須種植隔離帶植物，防止附近農田噴灑農藥污染，如此才能種植有機蔬菜。種植時，不能使用人工殺蟲劑、除草劑、殺菌劑及化學肥料，種植出來的農作物要通過專業機構的認證，才能被稱為有機農產品。

　　另外，在有機標示方面，農委會有鑒於過去市場上的標示紊亂，容易造成消費者混淆，於是從2009年1月31日起，如果未經認證就標示為「有機」，將可處6萬到30萬元罰鍰，經過這麼嚴格的把關，就是想保障消費者吃的安全。

＊有機認證機構一覽表

　　有機標章規定，有機農產品上需並列有農委會之CAS標章及認證機構的標章。以下為目前國內的認證機構。

台灣優良農產品
CAS 認證標章

排名	驗證機構名稱	縮寫
1	財團法人慈心有機農業發展基金會	TOAF
2	財團法人國際美育自然生態基金會	MOA
3	中華有機農業協會	TOPA
4	台灣省有機農業生產協會	FOA
5	財團法人中央畜產會	無
6	暐凱國際檢驗科技股份有限公司	FSII
7	台灣寶島有機農業發展協會	COAA
8	國立成功大學	GPCD NCKU
9	國立中興大學	無
10	國際品質驗證有限公司	nqa
11	環球國際驗證股份有限公司	無
12	中天生物科技股份有	MBOA
13	中華綠色農業發展協會	TAP

自然有機，就能吃出生機

最近台灣出現了很多有機店鋪和網路賣家，也有一些宅配有機蔬果到府的服務，真的是越來越便利了，尤其是對上班族媽媽來說，這樣既健康又方便，但是，有機真的比較健康嗎？

從營養的角度來看，有機食材和傳統化學農法食材，根據英國和美國的研究指出，有機食品未必比傳統食品更有營養，但如果是站在農藥殘留及保護地球的立場，我覺得有機食材比化學農法生產的食材更能友善環境，也能避免人們吃進農藥等毒素。所以我倒是挺建議大家食用的。

不知道你有沒有注意過，有機的蔬菜水果吃起來就是帶有一種食材本身的甜味。以食材風味來比較有機和化學農法食材，根據美國農業貿易季刊報導，全美國數百位美食主廚都認同有機食品風味比一般食品更好。

台灣國內的研究報告指出，有機農耕法栽培之稻米其游離糖含量較高及直鏈澱粉含量較低，也就是食品的味道品質較佳。除了環保及健康因素，也愈來愈多人因為風味較佳而選擇食用有機食材。

✱ 台灣在地的農夫市集

大家常被一些有機的認證搞得一頭霧水。其實有機的認證與標章，是政府為了便利消費者在購買產品時，能認明有機標章，做為參考，也避免不肖廠商打著有機名號來混淆市場。

不過，近幾年有另一股在地農夫市集的風潮在台灣興起，這些聚集在農夫市集中的農民，都是具有土地意識的農民，為了友善環境而用有機方式耕作，但因耕作面積不夠大、認證經費過於沉重而沒有申請有機標章，雖然沒有認證，但是市集召集人會親自到產地拜訪，經過嚴格把關，才讓這些農民到市集中販賣，農友們也歡迎消費者隨時直接到農地參觀，讓消費者用自己的雙眼，評估農產品的栽種環境。這些農產品，被稱之「無毒食材、天然食材」，以和有機食材區隔。

台灣在地的農夫市集，台北有248農學市集、簡單市集，新竹有竹蜻蜓綠市集、台中的合樸農學市集、高雄的微風市集，還有宜蘭的大宅院友善市集等。我建議在地民眾不妨可去逛逛，和農家聊聊，不但可吃進健康，也能減少食物里程、減少碳足跡的排放。此外，有些超市除了在超市中販售有機及無毒食材之外，更推動產地拜訪的活動，帶著超市會員實際走訪農地，也讓消費者更了解他們吃下肚的食材栽種之環境。

有機不有機、天然不天然，你的手中握有選擇權，多多了解觀察，才是對健康最好的把關！

有機的蔬菜水果吃起來就是帶有一種食材本身的甜味。

番茄菇卷

 醣8.9公克　 油脂30.9公克　 鹽686毫克

色香味俱全，利用食材本身的酸甜、油脂，就可以減少料理中油、鹽的用量。

〔材料〕

番茄 ……… 4顆

杏鮑菇 …… 3根

培根 ……… 8片

新鮮羅勒葉（或九層塔）

…………… 8片

調味料
- 蒜末 ……… 3小匙
- 橄欖油 …… 少許
- 胡椒粉 …… 適量
- 低鈉鹽 …… 少許

〔作法〕

1. 番茄洗淨，切去頭尾後再切成片狀；杏鮑菇洗淨，切成條狀；羅勒葉洗淨，均備用。

2. 杏鮑菇與調味料混勻調味。

3. 培根捲起番茄、羅勒葉與杏鮑菇，封口以用牙籤固定。

4. 將番茄菇卷放入平底鍋中，不用放油，利用培根本身的油脂煎熟即可。

新鮮番茄的蒂頭完整。

顏色越紅的番茄，茄紅素越多，番茄甜味也越濃郁。

番茄 *Tomato*

盛產季（旬）：

月	1	2	3	4	5	6	7	8	9	10	11	12
果	◐	◐	◐	◐							◐	◐

健康功效：

抗老化、預防心血管疾病、預防癌症

養顏又可瘦身

　　番茄怎麼挑？風味最好，營養最豐富的，就要挑選完全熟透的紅番茄。最好是在番茄完全熟成、變紅之後再採收，此時的養分最完整。

　　番茄含有茄紅素和維他命C，是前幾年很夯的明星食材。除了含有茄紅素之外，還含有多種維生素、礦物質、微量元素、膳食纖維等，可以抗衰老、抗氧化。而且低醣、低熱量，富含纖維素，是愛美和想瘦的女性最適合食用的蔬菜。糖尿病患者也可以多多食用。

　　茄紅素是一種類胡蘿蔔素，屬於油溶性的色素，穩定性佳，不會因為烹調而流失，煮過之後反而可以釋放出更多的茄紅素。在人體中也可以對抗許多種老年人退化性疾病。

烹調運用

　　除了生食和入菜之外，番茄也可以加入芹菜、紅蘿蔔或是甜菜、蘋果等，一起打成綜合蔬果汁，日常保健或是術後的患者都可以多多飲用。

原味料理

橙香墨魚

 醣9.9公克　 油脂0.6公克　 鹽109毫克

低油、低糖又低鹽，一口咬下除了滿口的清香之外，再也吃不到任何多餘的負擔。

﹛材料﹜

墨魚	1隻
柳橙	1½顆
檸檬	½顆
巴西里末	少許
蔥花	少許
薑	適量

調味料

A
米酒	適量
白胡椒粉	少許
低鈉鹽	少許

B
| 黑胡椒粒 | 少許 |

﹛作法﹜

1. 柳橙、檸檬均洗淨；1顆柳橙去皮與白膜，取中間果肉，取少許橙皮切絲，另外 ½ 個和檸檬一起擠出新鮮果汁；墨魚洗淨、切條，加入 A 料、薑片醃漬15分鐘入味；蔥洗淨，切末，均備用。

2. 把墨魚放入滾水中燙熟，取出冰鎮，這樣墨魚的肉質更緊實 Q 彈。

3. 將冰鎮墨魚、柳橙果肉、柳橙汁、檸檬汁、蔥花、黑胡椒粒一起拌勻，灑上橙皮絲、巴西里末即可。

吃出原味感動 ──「墨魚」

　　墨魚燙熟後放入冰水中冰鎮，口感就會又 Q 彈又爽口，再搭配上酸酸甜甜的新鮮柳橙汁，簡單的利用水果香氣來提味，就能減少鹽份的添加，美味還能兼顧健康，低熱量的清爽料理，更是所有愛美女生減肥的良伴喔。

檸檬鮮鱸魚

 醣 11.3 公克　 油脂 2.5 公克　 鹽 558 毫克

檸檬的天然酸味更能提出鱸魚的鮮甜，又滑又嫩的口感教人深深迷戀。

【 材料 】

鱸魚片 ⋯⋯ 300公克
檸檬片 ⋯⋯ 8片
蔥 ⋯⋯⋯⋯ 少許
香油 ⋯⋯⋯ 少許
辣椒 ⋯⋯⋯ 適量
蒜末 ⋯⋯⋯ 2小匙

調味料
┌ 新鮮檸檬汁 1½ 小匙
│ 泰國魚露 1½ 小匙
└ 冰糖 1 小匙

【 作法 】

1. 蔥洗淨，切絲；鱸魚洗淨，切片；檸檬洗淨，切片；辣椒洗淨，切末；大蒜去皮膜，切末；調味料混勻，均備用。
2. 檸檬片鋪在盤中當底，將鱸魚片放在檸檬片上，以大火蒸約 10 分鐘至熟。
3. 將蒸好的鱸魚取出，淋上拌好的調味料，再灑上蔥絲、辣椒末及蒜末、香油即可。

吃出原味感動 ——「檸檬」

檸檬自然的酸和魚露的鮮，更能襯托出鱸魚肉質的細緻和甜美，是道清爽可口的健康料理，夏天吃最對味。檸檬還具有祛暑、生津止渴、消炎的功用，可以改善食慾不振、促進消化等，用來料理海鮮還有去腥的作用。

芒蘋牛肉炒

 醣 34.3 公克　 油脂 79 公克　鹽 290 毫克

鐵質豐富的牛肉與新鮮水果一同拌炒，又香又甜，不但吃到美味，更補足了健康。

{ 材料 }

牛肉 ⋯⋯ 400公克
芒果 ⋯⋯ ½顆
蘋果 ⋯⋯ ½顆
青椒 ⋯⋯ 1顆
洋蔥 ⋯⋯ ½顆

醃料
薄鹽醬油 · 適量
太白粉 ⋯⋯ 少許
低鈉鹽 ⋯⋯ 少許
橄欖油 ⋯⋯ 少許

{ 作法 }

1. 牛肉切丁，加入醬油、太白粉醃20分鐘；芒果去皮，切片；蘋果去皮，切塊；青椒洗淨，去籽後切條；洋蔥洗淨，去皮膜後切小片，均備用。

2. 鍋中倒入少許橄欖油燒熱，放入牛肉炒至半熟、盛起，鍋中再放入洋蔥爆香，加入青椒、牛肉、蘋果、芒果炒熟，最後加入少許低鈉鹽調味即可。

吃出原味感動 ──「芒果」

　　這幾年很流行用水果入菜，不但相當具有創意，還能讓料理更有健康概念。芒果和蘋果不同的果香一起滲透進入牛肉裡面，搭配出讓人意想不到的好滋味。而芒果中富有維生素 A、C 等營養，可以預防癌症、抑制高血壓、動脈硬化等。

香甜雞腿鮮蔬炒

 醣 **24.5** 公克 油脂 **28.9** 公克 鹽 **481** 毫克

清香的鳳梨和甜椒，加上鮮嫩的雞腿肉，搖身一變成為一道令人垂涎的家常菜。

【材料】

去骨雞腿肉 400公克
新鮮鳳梨 ⅛ 顆
青椒 …… ½ 顆
甜椒 …… ½ 顆
蒜 …… 適量
青蔥 …… 適量
辣椒 …… 少許

調味料
薄鹽醬油 3大匙
糖 …… 適量
橄欖油 … 適量

【作法】

1. 青椒、紅甜椒均洗淨、去籽，切成菱形片；鳳梨去皮，切丁；大蒜洗淨，去皮膜，切末；蔥洗淨，切末；雞腿洗淨，切丁，加入薄鹽醬油、糖醃15分鐘。

2. 熱鍋倒入油燒熱，先爆香蔥末與蒜末，再將醃好的雞腿肉放入略炒。

3. 最後加入鳳梨、青椒、紅甜椒拌炒，加少許水，煮至雞腿肉熟透即可。

果皮帶有果香，果肉則酸甜香氣濃郁。

新鮮的鳳梨葉片具有光澤而且挺拔，不會一折就斷。

鳳梨 *Pineapple*

盛產季（旬）：

月	1	2	3	4	5	6	7	8	9	10	11	12
果				☺	☺	☺	☺	☺				

健康功效：

幫助消化、消除疲勞、促進食慾

開胃助消化

　　鳳梨又叫作波羅，是屬於熱帶水果，台灣則以南部生產居多。日照充足的鳳梨甜度高，香氣濃郁。鳳梨富含維生素 B_1，可以消除疲勞、增進食慾、生津止渴。其中豐富的鳳梨蛋白酶有助於消化，很適合在飯後或大魚大肉之後食用。

　　鳳梨屬於黃色食物的水果，具有抗有氧化功效，含有類生物黃色素，以及維他命 C、E、B_1 等抗氧化物，可以抑制癌症腫瘤活性。鳳梨中還含有水溶性食物纖維的果膠，能溶於水，增加腸內有益菌活動及排便順暢，減少致癌物質在腸道中停留的時間。

　　鳳梨也適合用來做料理，酸酸甜甜的口感，讓料理即使不加調味料也很好吃。一般人在吃鳳梨時會覺得澀，或是有咬舌頭的感覺，那是因為鳳梨中含有的蛋白分解酵素，可以在鳳梨上抹少許的鹽後再食用。有胃潰瘍的人不適合吃鳳梨。一般人也一定得在飯後才可以食用，如果在兩餐中間或是餐前食用的話，容易使胃壁受損。

烹調運用

　　除了生食和入菜之外，鳳梨也可以加入西瓜、紅蘿蔔或是芹菜、蘋果等，一起打成蔬果汁，或是搭配乳製品或是優格一起吃，更具有健康概念。

梅茄鮪魚沙拉

 醋 10 公克　 油脂 1.5 公克　 鹽 69 毫克

清爽的鮪魚沙拉，搭配上梅醋、番茄，不用添加任何油脂，滋味就動人極了。

〔材料〕

新鮮鮪魚 ⋯⋯ 200公克	
洋蔥 ⋯⋯⋯⋯ 70公克	
小番茄 ⋯⋯⋯ 8顆	
茶梅 ⋯⋯⋯⋯ 6顆	
胡蘿蔔 ⋯⋯⋯ 適量	
青蔥 ⋯⋯⋯⋯ 適量	

調味料　梅醋 ⋯⋯⋯⋯ 3大匙
　　　　低鈉鹽 ⋯⋯⋯ 少許

〔作法〕

1. 洋蔥、胡蘿蔔均去皮、切絲；青蔥洗淨、切絲；小番茄洗淨、切丁；茶梅去果核、切丁；鮪魚洗淨，切小塊，均備用。
2. 鮪魚放入滾水中燙熟、瀝乾。
3. 將小番茄、茶梅、洋蔥、鮪魚放入碗中，加入調味料拌勻。
4. 等沙拉入味後，盛入盤中，加入適量胡蘿蔔絲、青蔥絲裝飾即可。

吃出原味感動 ──「鮪魚」

新鮮的鮪魚肉質鮮美而且油脂豐厚、低膽固醇，料理時不要加入過多調味料，才能吃到鮮魚肉汁的清甜。拌入辛辣刺激又微甜的洋蔥，搭配上茶梅和梅醋、番茄，豐富的香味層次，再灑上紅色胡蘿蔔絲和綠色青蔥，色、香、味就通通俱全了。

番茄腰果炒雞丁

 醣 51.4 公克 油脂 33.4 公克 鹽 1126 毫克

番茄和烏醋的酸甜味，加上洋蔥的清甜，豐富了料理層次口感，讓人一口接一口。

〔材料〕

雞腿肉 ⋯⋯ 250公克
洋蔥 ⋯⋯⋯ 200公克
番茄 ⋯⋯⋯ 2顆
腰果 ⋯⋯⋯ 30公克
青蔥 ⋯⋯⋯ 30公克
大蒜 ⋯⋯⋯ 20公克
太白粉水 ⋯ 3大匙

調味料
薄鹽醬油 ⋯ 3小匙
砂糖 ⋯⋯⋯ 1小匙
豆瓣醬 ⋯⋯ 2小匙
釀造烏醋 ⋯ 2大匙
紹興酒 ⋯⋯ 2大匙
橄欖油 ⋯⋯ 適量

〔作法〕

1. 將雞腿肉洗淨，切丁；洋蔥去皮膜，切菱形片；番茄洗淨，切小塊；太白粉用水調勻；蔥洗淨，切段；大蒜去皮膜，切末，均備用。

2. 雞腿丁放入滾水中汆燙、撈起；取 ½ 杯汆燙雞腿的湯汁，加入薄鹽醬油、砂糖、豆瓣醬、烏醋、紹興酒拌勻成高湯。

3. 鍋中加入適量橄欖油燒熱，放入蔥段、蒜末、洋蔥片爆香，炒至洋蔥稍軟，加入雞腿丁及腰果拌炒後，再加入番茄，最後倒入高湯煮滾後，再以太白粉水勾芡即可。

外皮越是光澤亮麗的越新鮮。

果肉越是紮實，口感越好。

洋蔥 *Onion*

盛產季（旬）：

月	1	2	3	4	5	6	7	8	9	10	11	12
果	◔	◔	◔	◔								◔

健康功效：

有益心血管疾病、減少中風、預防心臟病、鎮靜神經

預防骨質疏鬆

洋蔥氣味強烈，但是性質溫和，除了纖維質，還含有類黃酮、維他命 C、B 及鈣、磷、鐵、鉀等。含有 90％ 的水份，所以熱量低且營養豐富，是相當健康的蔬菜。

根據研究指出，如果每天生吃半個洋蔥，或是喝洋蔥汁，可以增加身體中高密度脂蛋白膽固醇（HDL；好的膽固醇）的含量。但是如果將洋蔥煮的愈熟，這個效果就愈低。

洋蔥的品種有黃色、紅色、白色的差別，黃洋蔥最為常見。洋蔥具有淡淡的香甜味，肉質細嫩、爽脆，很適合涼拌、熱炒或是用來煮湯。生食時具有辛辣的刺激味，泡過冰水可以減少辛辣味，而加熱後具有天然的香甜味，可減少料理中食鹽的用量。

烹調運用

洋蔥最常見的料理就是加入沙拉，或是洋蔥炒蛋。除了涼拌生食和入菜之外，洋蔥也可以拿來煮湯，尤其是西式料理經常用洋蔥來爆香。

香蔥蝦仁蛋

 醣9.6公克　油脂20.9公克　鹽1355毫克

蔥香豐富了蝦仁的鮮味，軟嫩的滑蛋口感更讓人忍不住一再品嚐。

〔材料〕

青蔥	180公克
雞蛋	4顆
蝦仁	80公克

調味料
低鈉鹽	1小匙
鮮雞粉	1小匙
橄欖油	適量

〔作法〕

1. 青蔥洗淨，切末；雞蛋於碗中打散；蝦仁洗淨，挑除腸泥，均備用。
2. 蝦仁放入滾水稍汆燙、撈起。
3. 將青蔥、蝦仁及低鈉鹽、鮮雞粉、少許水放入蛋液中攪拌均勻。
4. 橄欖油倒入鍋中燒熱，倒入蛋液炒熟即可。

吃出原味感動 ──「青蔥」

這道家常料理輕輕鬆鬆即可上桌。辛辣的青蔥是一種具有芳香氣味的蔬菜，能增進食慾、健胃、促進血液循環，還可發散風寒、活血、促進發汗，這特殊的辣豐富了蝦仁的鮮甜，又滑又嫩的香蔥蝦仁蛋讓人忍不住一再品嚐。

南瓜鮮蔬濃湯

 醣114.1公克　油脂25.4公克　 鹽939毫克

把所有蔬菜的營養，統統濃縮在一碗濃郁的湯裡，健康、美味一次喝足。

{ 材料 }

南瓜 ⋯⋯⋯ 500公克
馬鈴薯 ⋯⋯ 200公克
紅蘿蔔 ⋯⋯ ½支
西洋芹 ⋯⋯ 1支
洋蔥 ⋯⋯⋯ ½顆

調味料
無鹽奶油 20公克
無鹽高湯 450c.c.
低鈉鹽 ⋯⋯ 1小匙
白胡椒粉 適量
鮮奶油 ⋯⋯ 20c.c.

{ 作法 }

1. 南瓜、馬鈴薯、紅蘿蔔均洗淨、去皮，切薄片；西洋芹洗淨，去粗絲後切片；洋蔥去皮膜，切絲，均備用。

2. 取小鍋放入無鹽奶油小火加熱，溶化後放入芹菜和洋蔥絲炒香；加入無鹽高湯用中火煮滾，加入南瓜片、馬鈴薯片、胡蘿蔔片，熬煮15~20分鐘關火，放涼。

3. 將作法3全部倒入攪拌機中，攪打成泥狀後再倒回原鍋，中火加熱煮至濃稠狀時轉小火，最後加入低鈉鹽、白胡椒粉調味，盛盤時淋上鮮奶油即可。

吃出原味感動 ──「南瓜」

　　把南瓜、馬鈴薯、紅蘿蔔和西洋芹、洋蔥，滿滿蔬菜的清甜滋味全部濃縮在一碗濃湯裡，加入鮮奶油增加香濃潤滑的口感，營養、健康、美味一次喝足。南瓜的營養價值高，可補中益氣、增強抵抗力、預防癌症，而且富含維生素E，能抗氧化、抗老化。

山藥香菇雞湯

 醣54.1公克　 油脂16.5公克　 鹽756毫克

香氣迷人的香菇，搭配上清甜的山藥，不必過多的調味，自然就成為一道美味的湯品。

〔材料〕

雞肉	500公克
山藥	300公克
乾香菇	10朵
薑	6片
枸杞	1小把

調味料｜低鈉鹽 … 少許

〔作法〕

1. 山藥去皮，切塊；乾香菇覆水，切片；薑洗淨，切片；雞肉洗淨，切塊，均備用。
2. 雞肉放入滾水中汆燙，撈起後放入另一鍋中。
3. 鍋中再放入香菇、枸杞、薑片與適量的水，燉煮30~40分鐘。
4. 最後放入山藥一起煮熟，加塩調味就完成了。

山藥要選擇表皮光滑完整、顏色均勻者。

外觀完整、鬚根少，沒有腐爛的為佳。

山藥 *Common Yam*

盛產季（旬）：

月	1	2	3	4	5	6	7	8	9	10	11	12
果	◔	◔								◔	◔	◔

健康功效：

降血脂、改善體質、增強
體力、生長肌肉

改善體質，增強免疫力

　　山藥又叫作淮山、田薯。屬於薯芋科植物。依照形狀分為長條型和塊狀兩種。長型的顏色多為淡褐色，肉質為白色，而塊狀的通常皮比較粗，而且是深褐色，肉質有白色和紫色兩種。紫山藥又稱為紅薯，許多人用來作薯餅或是湯圓等點心。

　　山藥為中國傳統重要的中藥材及養生藥膳，含有黏質多醣體、消化酵素、維生素C、澱粉等，營養價值極高。具有抗氧化、抗腫瘤、降血糖及增進免疫機能等。是近年來很受到注目的明星健康食材。一般乾性的中藥材則稱為「淮山」。

　　買回的山藥不用急著放入冰箱，只要放在通風陰涼處，可以存放高達三個月。但是如果已經切開或是削了皮，就要用塑膠袋包起來，密封後放在冷凍庫保存。

烹調運用

　　除了藥用之外，一般普遍都會用來烤、炸、煮等，不管是用來煮湯、煮稀飯，或是做成點心都很好吃。

【原味料理】

泰式酸辣冬粉

 醋80.5公克　 油脂13.7公克　 鹽426毫克

酸酸辣辣的冬粉，搭配天然辛香料引出好味道，十分開胃，很適合夏天食用。

【材料】

冬粉 ……… 4把
番茄 ……… 2顆
蘆筍 ……… 50公克
絞肉 ……… 80公克
檸檬汁 …… 65c.c.
九層塔末 · 適量
香茅 ……… 20公克
檸檬葉 …… 10片
蒜頭 ……… 20公克
辣椒 ……… 10公克
香菜 ……… 15公克

調味料
┌ 低鈉鹽 … 少許
│ 胡椒粉 … 少許
└ 橄欖油 … 少許

【作法】

1. 番茄洗淨，切丁；冬粉泡水至軟；蘆筍洗淨；蒜頭去皮膜，均備用。

2. 蘆筍放入滾水燙熟、撈起，切3公分長段；冬粉放入滾水燙至9分熟，撈起後用冷水冰鎮，口感較Q。

3. 鍋中倒入少量油，放入絞肉炒熟，再加入少許胡椒粉，盛起放涼，備用。

4. 將香茅、檸檬葉、蒜頭、辣椒、香菜均切碎，放入大盆中，再加入番茄丁、九層塔。

5. 將所有材料一起放入大盆中，加少許低鈉鹽調味，攪拌均勻後即可裝盤。

吃出原味感動

冬粉和蘆筍本身都沒什麼特殊的味道，所以使用九層塔、香茅、檸檬葉等搭配料理，酸酸辣辣的，還帶有香草的天然清香，夏天吃十分開胃。這道料理富含纖維質、維生素A、C、E等，多吃可以清熱止渴、抗氧化、消除疲勞。不過，蘆筍普林含量高，痛風病人不宜食用。

蔬菜咖哩飯

醣 273.4 公克　油脂 36.6 公克　鹽 483 毫克

香氣濃郁的一道料理，以蔬菜為主的食材內容，不但健康，而且讓人食指大動。

〔材料〕

白飯	3 碗
馬鈴薯	3 顆
胡蘿蔔	1 條
毛豆仁	150 公克
紅椒	½ 顆
青椒	½ 顆
洋蔥	1½ 顆

調味料
- 印度咖哩粉 2 大匙
- 椰奶 150 c.c.
- 無鹽高湯 300 c.c.

〔作法〕

1. 馬鈴薯、胡蘿蔔去皮，切成小塊；洋蔥去皮膜，切片；紅椒、青椒洗淨，切菱形片，均備用。

2. 將所有切好的食材一起放入鍋中，加入印度咖哩粉、椰奶、無鹽高湯煮滾，燉煮約 20~25 分鐘即可蓋在白飯上。

吃出原味感動 ──「蔬菜高湯」

用各種蔬菜慢慢熬煮出滋味清甜順口的蔬菜高湯，加入咖哩粉、椰奶更顯得香味濃郁，讓人食指大動。偶爾也該多吃這種以蔬菜為主，不加入肉類烹調的料理，兼顧了健康、營養，還具有幫助消化、促進食慾、抗癌等多種功效。

蒜辣義大利麵

 醣 259.8 公克　 油脂 48.4 公克　 鹽 209 毫克

利用辛香料取代了調味料的應用，作法再簡單不過的料理，卻能讓人愛不釋口。

{ 材料 }

義大利麵	4人份
蒜頭	50公克
辣椒	3支
橄欖油	4大匙
小番茄	5顆
紅甜椒	40公克
黃甜椒	40公克
黑橄欖	少許

調味料
義式香料	少許
黑胡椒	少許
帕瑪森起司粉	適量

{ 作法 }

1. 蒜頭去皮膜，切成蒜片；小番茄洗淨，對切；紅、黃甜椒洗淨，切長條，均備用。
2. 義大利麵放入滾水中，加少許鹽一起煮熟，撈起。
3. 平底鍋中放入橄欖油，小火炒蒜片及辣椒，炒至蒜味完全融入油中。
4. 加入義大利麵拌炒均勻即可。盛盤後，將小番茄置於義大利麵上，再把紅黃甜椒圍於盤邊，灑上黑橄欖、義式香料、黑胡椒、帕瑪森起司粉就完成了。

表面光滑，顏色鮮豔的較新鮮。

選擇體型勻稱、果實飽滿結實者。

甜椒 *Sweet Pepper*

盛產季（旬）：

月	1	2	3	4	5	6	7	8	9	10	11	12
果	●	●	●	●	●						●	●

健康功效：

預防感冒、抗癌、美白除斑、增強體力

增強體力

甜椒屬茄科番椒屬。又稱為大同仔，有青椒、紅甜椒、黃甜椒等。含有豐富的維生素 A、C，E 還有鐵、磷等礦物質，具有預防感冒、消除疲勞、增強抵抗力、保護眼睛的功效。甜椒比青椒的肉質更厚，水分更多，質地清脆且口感更甜，更適合生吃。一天只要吃兩個甜椒，就足以滿足人體一天所需的維生素 C，甜椒中也含有強大抗氧化劑，可以防止身體老化。此外，也可抗癌、防止動脈硬化、預防高血壓、促進新陳代謝等，平常多吃就會更健康，夏天更可以多食用。

甜椒原產地是熱帶美洲，歐洲等西式料理非常喜歡使用甜椒，幾乎可以說是不可或缺的食材。爽口而清甜的口感，無論是生吃或炒食都很美味，是健康好處多多的美味食材。

甜椒冷藏約可以保存 7~10 天左右，買回來的甜椒可以用塑膠袋或是包鮮膜包好，以免放入冰箱中水分蒸發。

烹調運用

甜椒除了生食、拌炒之外，常常見到使用在烤肉上，串在肉串中間可以去油解膩，尤其是西式料理經常用甜椒放在主食旁，增鮮開胃。

Part 4

吃「肉」，
你可以有更好的選擇

害你變胖的，是肉類嗎？

蝦子富含高蛋白、礦物質等有機養分，

而多吃魚更是含有高蛋白、DHA和EPA，而又低膽固醇的健康選擇。

聰明吃海鮮，也能吃得既營養又美味。

吃海鮮，大啖健康鮮滋味

+ + +

我是本來就非常喜歡吃蔬菜和水果的人，家裡冰箱裡每天都會準備3樣水果以上，不過我也不是素食主義者，我承認肉的濃郁香氣和海鮮的鮮美，總是讓人垂涎。不過現代人一聽到肉類，就直覺認為這是養生大敵，但又無法抗拒其美味及口腹之慾，每每在吃與不吃之間掙扎，或是吃了之後就深感罪惡。

究竟，有沒有健康吃肉的好方法呢？而肉類和海鮮，到底吃哪個比較健康呢？

「愛食肉」會造成健康負擔？

身為營養師，我當然鼓勵、希望民眾吃得均衡、吃得健康，而均衡就是六大類食物都不能偏廢，好好攝取各種食物的營養，但是也不能過量。不過現代人普遍都有營養過剩的問題，所以坊間的健康書籍總教人少吃肉、多吃菜。但如果像很多名模、女星因為要減肥，而過分將肉類、油脂類的食品排拒在飲食外，這樣可是會導致營養不良、提早老化喔。

肉類裡有哪些身體需要的營養成分呢？一起來了解一下吧！

1. 富含蛋白質：肉類中所含的胺基酸十分充足，很容易被人體吸收運用，可以幫助青少年發育生長、補充體力、增強記憶、抗老化等。

2. 富含維生素、礦物質：富含多種維生素，如維生素 B 群（B1、B2、B6、B12），能有效分解醣類並且轉換成身體需要的能源，以補充體力、消除疲倦。而礦物質則有磷、鉀、銅、硫、鋅等，尤其是鐵質的含量最為豐富。

衛生署建議每日攝取之六大類飲食
（以1800卡為範例）

低脂奶類360c.c.
水果類3份
蔬菜類3碟
全穀根莖類 2又3/4碗
豆魚肉蛋類5份
植物油與堅果種子類 25公克加堅果類

＊膽固醇的好與壞

既然肉類蘊含了豐富的營養，但是為何會成為健康的公敵呢？這是因為肉類食材中含有較多的脂肪，食物中的油脂又可分為飽和脂肪酸和不飽和脂肪酸，通常飽和脂肪酸又稱為壞的膽固醇，是以動物性脂肪為主，經身體吸收會變成膽固醇、三酸甘油酯；不飽和脂肪酸是相對比較好的脂肪，又分為單元不飽和脂肪酸，如橄欖油，以及多元不飽和脂肪酸，如深海魚油中的 EPA、DHA 等。

正常情況下，人體肝臟會自行合成 70~80% 的膽固醇，從飲食中攝取的膽固醇只占體內膽固醇的 20~30%。但如果攝取過多高膽固醇飲食，又缺乏運動，生活壓力過大造成情緒緊張等，就會影響身體調節，造成總膽固醇及人體內低密度脂蛋白膽固醇（俗稱的壞膽固醇）過高等血脂異常的狀況，引起動脈粥樣硬化等心血管疾病問題。少吃肉可以避免吃進過多的動物性油脂，也能避免攝入過多飽和脂肪酸，增加身體中的膽固醇。

✽每天要攝取多少膽固醇才健康？

最近連電視上的茶飲廣告都要大家拋棄膽固醇，但是膽固醇對人體真的只有壞處嗎？其實不然，膽固醇是體內細胞膜重要的組成，也是合成人體各種激素很重要的原料，膽固醇是雌激素、睾固酮以及維生素 D 等的前驅物。沒有膽固醇，人無法維持生命，若是刻意讓油脂攝取量趨近於零（某些減肥過度的女性），則容易讓皮膚缺乏彈性、產生皺紋。

根據研究發現，因為許多荷爾蒙的分泌都要靠膽固醇輔助，所以女性總膽固醇若低於140mg/dl，容易會有憂鬱或焦慮症狀，男性也容易心情低落，成人會發生腦力變差，而孩童則是發育受阻等。

美國心臟學會建議，一般成人每日膽固醇攝取量以300毫克為上限；而對於低密度脂蛋白膽固醇過高者、糖尿病病患，以及有心血管疾病史者，則建議將膽固醇攝取量限制在每日200毫克以下。

✽控制膽固醇飲食小祕訣

注意每日的飲食，就可以輕鬆控制膽固醇。

1. 選擇飽和脂肪含量低的肉品：同樣是肉，但不同肉類所含的膽固醇量也不同。牛、豬、羊肉裡的飽和脂肪含量為60%，雞肉為40%，鴨、鵝肉則為30%，最少的是水產類，約為20%。

2. 選擇肉的部位：肉類的皮比肉本身脂肪含量高，而內臟膽固醇含量也高，所以盡量吃肉不吃皮、吃外不吃內。

3. 選用好油：如牛油、豬油等動物性油脂，是飽和脂肪，建議盡量不用。用油量也要盡量減少，若必須用油，建議使用「單元不飽和脂肪酸」油品，如橄欖油、芥花油、苦茶油等，還具有抗氧化的功效。

4. 增加膳食纖維攝取量：多吃膳食纖維能幫助降低膽固醇，每日應攝取 25~30公克，膳食纖維含量豐富的食物有：燕麥、麥片、芹菜、空心菜、黃豆、四季豆、柑橘類水果等。沒有經過精製加工過的食物，膳食纖維含量愈高，像是糙米就比白米高。

5. 注意反式脂肪：反式脂肪除了會增加血液中低密度脂蛋白膽固醇的濃度、減少高密度脂蛋白膽固醇的濃度之外，還會提高 LDL-C/HDL-C 的比值，影響甚至比飽和脂肪還要大。反式脂肪多見於香味可口的加工食品，如奶油、乳瑪琳、奶精、薯條、油炸物、泡麵油包、奶油酥皮、餅乾、蛋糕、披薩、沙拉醬、美乃滋、爆米

注意每日的飲食，就可輕鬆控制膽固醇。這才是維持健康的根本之道喔。

花等。於是，衛生署從 2008 年 1 月 1 日起，規定廠商要在食品包裝的營養標示上，標示出反式脂肪的含量，購買時請多注意。

優質海鮮富含哪些營養？

很多人經常詢問：「海鮮的膽固醇含量是不是很高？」其實，海鮮的膽固醇大多儲存在如蝦頭、蟹膏、魚卵等部位裡，只要除掉或是避免攝食，就能安心食用。

海鮮富含哪些營養成分呢？海鮮中含的蛋白質可以提供人體必需的8種胺基酸，而且魚中富含 EPA 與 DHA，能防止動脈硬化、預防老人痴呆，還能預防癌症、保護眼睛、讓腦袋更聰明。此外，海鮮也富含維生素 D，能幫助鈣質的吸收、預防骨質疏鬆。像是章魚、蝦、蟹等海鮮裡，含有大量牛磺酸，具有提升肝臟機能、降低血壓等。貝類則富含維生素 B 群，對肝臟也很好。

如何選購新鮮海鮮？

海鮮的鮮度和料理的美味、健康有關，選購上要特別注意。

1. 當季盛產：價錢不但便宜，而且要新鮮好吃。
2. 看外形：魚身新鮮有光澤，魚的眼睛清澈、不混濁。
3. 看魚鰓：魚鰓顏色要鮮紅，鰓蓋柔軟不刺手的比較新鮮。
4. 按魚身：一按會馬上彈起的比較新鮮。
5. 聞味道：應該有自然的海鮮味，如果嗆鼻腥臭的，千萬不要購買。

肉類營養排行榜

◎ 肉類中的鈣質前 10 名

排名	品名	每100克鈣質含量（mg）
👑①	豬腳	55
②	小排（豬）	38
③	大排（豬）	28
④	雞爪	25
⑤	田雞	16
⑥	三節翅（肉雞）	13
⑦	鵝肉	11
⑧	牛腱	10
⑨	二節翅（肉雞）	10
⑩	牛肚	9

◎ 肉類中的鐵質前 10 名

排名	品名	每100克鐵質含量（mg）
👑①	牛小排	19.9
②	豬腎	19.8
③	雞胸肉（土雞）	14
④	豬舌肉	13.2
⑤	牛肉條	11.5
⑥	雞排（肉雞）	11
⑦	豬肚	4.2
⑧	豬肝	3.8
⑨	五花肉（豬）	3.5
⑩	大里肌（豬）	3.2

海鮮營養排行榜

◎ 海鮮中的鈣質前 10 名

排名	品名	每100克鈣質含量（mg）
👑①	小魚干	2213
②	蝦皮	1381
③	蝦米	1075
④	金錢魚（黑星銀拱、金鼓、變心苦）	267
⑤	薔薇離鰭鯛（紅新娘）	260
⑥	旭蟹（蝦姑頭）	178
⑦	正牡蠣（生蠔）	149
⑧	文蛤	131
⑨	長角仿對蝦（劍蝦）	110
⑩	鬚赤對蝦（火燒蝦）	106

◎ 海鮮中的鐵質前 10 名

排名	品名	每100克鐵質含量（mg）
👑①	西施舌（西刀舌）	25.7
②	柴魚片	15.3
③	文蛤	12.9
④	九孔螺（九孔）	11.4
⑤	小魚干	6.8
⑥	牡蠣（蚵仔）	6.6
⑦	蝦皮	6.3
⑧	章魚	6.1
⑨	鬚赤對蝦（火燒蝦）	5.9
⑩	蠑螺	5.4

👑 肉類中的膽固醇前10名

排名	品名	每100克中膽固醇含量（mg）
①	豬腦	2075
②	雞肝	359
③	豬腎	267
④	豬肝	260
⑤	豬小腸	199
⑥	雞胗	196
⑦	鴨賞	144
⑧	雞心	143
⑨	臘肉	143
⑩	牛肚	134

👑 海鮮類中的膽固醇前10名

排名	品名	每100克中膽固醇含量（mg）
①	小魚干	669
②	蝦米	645
③	烏魚子	632
④	魷魚絲	330
⑤	小卷	316
⑥	紅蟳	296
⑦	柴魚片	240
⑧	烏賊	203
⑨	章魚	183
⑩	草蝦	157

鮪魚獨特的半生半熟吃法，
搭配上清香的紫蘇，口感超迷人。

原味料理

紫蘇香鮪

 醣0.4公克　 油脂0.2公克　鹽605毫克

{ 材料 }

鮪魚片 ……200公克
青紫蘇 ……6片
蔥白 ………少許

調味料
水 ………60 c.c.
低鈉鹽 ……少許
米酒 ………1大匙
檸檬汁 ……少許

{ 作法 }

1. 青紫蘇、蔥白均洗淨，切絲；水加上低鈉鹽、檸檬汁混勻成醬汁；鮪魚洗淨，均備用。

2. 鮪魚放入熱水中，加入米酒，煮約10秒鐘後取出，沖冰水、瀝乾。

3. 將鮪魚切塊盛入盤中，將紫蘇絲、蔥絲放在鮪魚上。

4. 最後淋上醬汁即完成。

吃出原味感動 ──「鮪魚」

　　營養豐富的鮪魚，一口咬下，就能感受到油脂分布的恰到好處，柔軟但不膩口，不管是熟食和生食都很美味。鮪魚的價格分類依序為上腹肉、中腹肉中腹、後腹、皮油、赤身等。其中上腹肉因肉質鮮嫩，帶有濃郁特殊香味，入口即化，是老饕心中的頂級生魚片。

濃濃的塔香味加上大海來的鮮滋味，
讓人捨不得放下筷子。

原味料理

塔香海瓜子

醣27.8公克　油脂11.2公克　鹽656毫克

〔材料〕

海瓜子	350公克
九層塔	1大碗
蒜頭	3顆
薑	1小塊
紅辣椒	1支
蔥	4支
豆豉	1小匙

調味料
薄鹽醬油膏	1大匙
米酒	2大匙
香油	1大匙
糖	1小匙

〔作法〕

1. 先將海瓜子泡水，加1小匙鹽讓其吐沙；蒜頭去皮，切末；蔥洗淨，切段；薑、紅辣椒洗淨，切末，九層塔洗淨，取¼切末。

2. 起鍋熱香油，放入薑末、九層塔爆香，再放入蒜末、薑末、蔥段、辣椒丁、豆豉一起炒香。

3. 放入海瓜子翻拌，再加進米酒1大匙，加蓋略燜。

4. 待海瓜子都打開後，加入薄鹽醬油膏、糖拌炒均勻，起鍋前放入九層塔末，淋少許米酒提味即可。

吃出原味感動 ──「海瓜子」

海瓜子是一種雙殼貝，肉質肥美鮮甜，食用前先用清水吐沙洗淨。九層塔中含有丁香酚，具有一股獨特的香氣，可以提鮮、開胃，可安定心神、消除疲勞，但不宜久煮，煮太久不但顏色會變黑，其芳香精油也會揮發，通常都是最後放入拌炒。

清蒸羊肉湯

 醣 1 公克　 油脂 109 公克　 鹽 1339 毫克

【材料】

羊肉 ⋯⋯⋯ 800公克
蔥 ⋯⋯⋯⋯ 1支
薑 ⋯⋯⋯⋯ 1塊
八角 ⋯⋯⋯ 2個
花椒 ⋯⋯⋯ ¼小匙
雞湯 ⋯⋯⋯ 800c.c.

調味料 ⎰ 低鈉鹽 ⋯ ½小匙
　　　 ⎱ 麻油 ⋯⋯ 1小匙

*八角、花椒等辛香料不僅能增添料理滋味、
減少用鹽量，還能改善虛寒怕冷的現象。*

【作法】

1. 蔥洗淨，切段；薑洗淨，切片，羊肉洗淨，切3塊，
   均備用。

2. 羊肉放入滾水中汆燙一下，取出、洗淨；再放入另一
   沸水鍋中，加入蔥段、薑片、八角、花椒一起煮熟。

3. 羊肉煮熟後取出，待涼後切成薄片，放入鍋中，再放
   入少量蔥段、薑片，倒入雞湯，蒸約15~20分鐘，取
   出後加入低鈉鹽，淋上麻油即可。

吃出原味感動 ──「羊肉」

　　許多人無法接受羊肉的腥羶味，羊騷味是來自於脂肪，料理
前可以將脂肪、薄膜去除，或是烹煮時加入老薑、辛香料拌炒，
可有效降低腥羶味。羊肉在藥理上可溫補陽氣、健脾益腎，能改
善冬天手腳冰冷、畏寒等不適。

山藥燉雞湯

醣 114.3 公克　油脂 80 公克　鹽 2006 毫克

{ 材料 }

土雞	⋯⋯ ½隻
山藥	⋯⋯ 900公克
紅棗	⋯⋯ 10個
當歸	⋯⋯ 2片
枸杞	⋯⋯ 5公克

調味料
米酒	⋯⋯ 2大匙
低鈉鹽	⋯⋯ 1大匙
鮮雞精	⋯⋯ 1大匙

香氣十足的當歸，加上營養滿分的山藥，
一起在體內合奏出一首健康的協奏曲。

{ 作法 }

1. 山藥削皮、切塊；紅棗、當歸洗淨；雞肉洗淨，切塊，放入滾水汆燙，撈起、洗淨，均備用。

2. 所有材料放入電鍋，加水淹過材料約3公分，外鍋加2碗水烹煮。等電鍋跳起後再加入米酒、低鈉鹽、鮮雞精，拌勻後即可食用。

吃出原味感動 ──「山藥」

　　山藥口感細膩鬆軟、甜脆香甜，但是生食時帶有黏液，有些人無法接受，所以加上Q彈的雞肉去清燉，淡淡的清甜香加上中藥味，喝起來清爽順口。山藥一直被視為具有滋補功效的健康食品，可以增強免疫力。新鮮山藥的黏液含有消化酵素，可滋補身體、幫助消化，而其中所含的皂甘（Diosgenin）更是人體內製造性荷爾蒙的重要成分，很適合更年期婦女食用。

紅綠炒肉絲

 醣 29.1 公克　 油脂 21.9 公克　 鹽 678 毫克

色香味俱全的紅綠炒肉絲不但可以除煩健腦，還能幫助消化，讓你身心平衡健康。

{ 材料 }

豬肉	200公克
金針花	300公克
紅蘿蔔	¼根
無鹽高湯	200c.c.
薑	1大匙
辣椒	1大匙
雞蛋	1個
地瓜粉	1大匙

調味料
低鈉鹽	少許
米酒	2大匙
橄欖油	少許

{ 作法 }

1. 金針花泡水，洗淨後瀝乾；紅蘿蔔去皮，切絲；辣椒洗淨，切末；蛋液打散；豬肉切絲；薑洗淨，切絲，均備用。

2. 豬肉絲加少許蛋液、低鈉鹽、適量水、地瓜粉略醃20分鐘；金針花放入熱水中汆燙10秒，撈起。

3. 鍋中倒入少許油燒熱，放入肉絲拌炒至七分熟，加入紅蘿蔔、薑絲、辣椒炒香，再加入米酒炒勻。

4. 放入金針花拌炒至熟，加入少許低鈉鹽調味即可。

新鮮豬肉顏色是鮮紅色。

挑選肉質結實，紋路清晰者。

豬肉 *Pork*

盛產季（旬）：

月	1	2	3	4	5	6	7	8	9	10	11	12
肉	🐷	🐷	🐷	🐷	🐷	🐷	🐷	🐷	🐷	🐷	🐷	🐷

健康功效：

增強免疫力和體力、增加
身體肌肉、修復組織

修復身體組織

　　豬肉是國人最常吃的肉品，因為味道清
甜，沒有特殊腥羶味。豬肉不同的部位軟嫩和油
脂分布都不相同。最好的肉品是瘦肉與脂肪比例
恰好的部位，吃起來不澀不油，像是里脊肉、胛
心肉、大腿和排骨。白色脂肪越多的部份等級就
越低。豬的利用率很高，尤其是內臟類，像是豬
肝、豬心等，或是豬耳朵等，都是經常被食用的
部位。

　　顏色越是呈現鮮紅的肉越是新鮮，也沒有
不良氣味，可以用手按壓看看，如果沒有彈性、
蒼白，或是濕濕的就是不新鮮的水樣肉，太過於
乾燥的則是暗乾肉。

　　豬肉的營養非常豐富，含有蛋白質、礦物
質鈣、磷、鐵、硫胺素、核黃素和尼克酸、維生
素 B_1、B_2、菸酸等。可以修復身體組織、加強
免疫力、保護器官。但是膽固醇含量高，年長者
或是患者要注意食用。

烹調運用

　　豬肉炒、煎、煮、
炸等都很適合，可以依
需求不同加以選擇不一
樣的部位。不管是清淡
或是濃烈的調味，都能
展現出不同的味型。

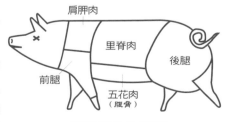

不同部位分解圖

又香又辣，香辣雞翅的口味相當夠勁，
辛香料搭配得宜就可以為這道料理增色不少。

原味料理

香辣雞柳

 醣12.9公克　 油脂6.0公克　鹽608毫克

{ 材料 }

雞胸肉 ……300公克
辣椒 ………1支
薑 …………1小塊
蔥 …………1支
香菜 ……少許

調味料
┌ 薄鹽醬油…1大匙
│ 烏醋 ………2小匙
│ 辣油 ………1小匙
│ 糖 …………1小匙
└ 花椒粉 …1小匙

{ 作法 }

1. 辣椒、青蔥、薑、香菜洗淨，切末，均備用。
2. 雞胸肉洗淨，雞胸肉放入滾水中燙熟，撈出、放涼，切成薄片放在盤上。
3. 調味料拌勻，再加入辣椒末、細蔥花、薑末調勻，就成為醬汁。
4. 在雞柳上淋上醬汁，灑上香菜末即可。

吃出原味感動 ——「雞胸肉」

　　雞胸肉脂肪少，肉質不會太軟散，吃起來會有一絲一絲的口感，搭配清爽的醬汁，嚐起來溫潤鮮美。雞肉是肉類中優良的蛋白質來源，有「健康白肉」之稱，膽固醇含量較低，而且沒有強烈刺激的氣味，所以不論拿來做什麼料理都很合適，不會有和調味料不搭的問題，讓料理更容易融合。

用蒸的方式來料理排骨，讓平凡的排骨和地瓜，
更多了一股健康的力量。

原味料理

粉蒸排骨

 醣69.4公克　 油脂111.7公克　鹽1301毫克

{ 材料 }

豬小排 ……500公克
大地瓜 ……1顆
蒸肉粉 ……40公克
蒜末 ………2小匙
花椒粉 ……2小匙
香油 ………5大匙

醃料
┌ 辣豆瓣醬 2大匙
│ 薄鹽醬油 2大匙
│ 薑末 ………1大匙
└ 米酒 ………1小匙

{ 作法 }

1. 豬小排洗淨切小塊，放入容器中，加入所有醃料，用
   手稍加搓揉，使醃料充分滲入肉中，靜置30分鐘使其
   入味。
2. 將地瓜洗淨、削皮、切塊，平均鋪於蒸盤底部。
3. 醃好的豬小排均勻裹上蒸肉粉，放在地瓜上。
4. 將其放入電鍋蒸熟即可。

吃出原味感動 ──「豬小排」

　　豬小排通常是背脊部位的肉，帶有軟骨，搭配濃郁的辣豆
瓣醬去蒸過後，醬汁滲透沾附在肉排上，吃起來不肥不膩。加上
甜美的地瓜，地瓜有豐富的膳食纖維，可以益氣生津、補中暖胃
的、保健眼睛、預防動脈血管硬化等，香氣和口感更好。

元氣鱸魚湯

 醣 4.9 公克　 油脂 0.5 公克　 鹽 248 毫克

鱸魚細緻而且含有豐富蛋白質，加上補氣的西洋參、黃耆，是好吃又能大補元氣的湯品。

【材料】

鱸魚	1 尾
西洋參	6 公克
黃耆	12 公克
當歸	3 公克
枸杞	15 公克
紅棗	6 個
生薑	1 段
蔥	適量

調味料 ─ 無鹽高湯 1 杯

【作法】

1. 鱸魚去內臟及鰓，洗淨，切段；薑洗淨，切片；蔥洗淨，切末；西洋參、當歸、黃耆、紅棗均洗淨，備用。
2. 將西洋參、黃耆、當歸用紗布袋包起，和鱸魚、無鹽高湯、枸杞、紅棗、薑片一起放入電鍋中，加入適量水蓋過食材，外鍋加 2 杯水一起燉煮。
3. 起鍋前灑上蔥末即可。

魚的眼睛要清澈。

魚鰓顏色鮮紅色，魚體無不良風味者較為新鮮。

鱸 魚 *Seabass*

盛產季（旬）：

月	1	2	3	4	5	6	7	8	9	10	11	12
肉	🐟	🐟	🐟	🐟	🐟	🐟	🐟	🐟	🐟	🐟	🐟	🐟

健康功效：

幫助傷口癒合、促進乳汁
分泌、增加體力

可幫助傷口癒合

　　鱸魚又叫作海鱸、花鱸，種類繁多，常見的有七星鱸、銀花鱸、加州鱸、金目鱸、黃鱸等，肉質細緻鮮美。鱸魚以往都是病人在動了手術後，用來幫助傷口早一點癒合的滋補聖品。鱸魚中含有維生素 A，有助於增加抵抗力、預防感冒及抗癌；維生素 B 群可增強體力；維生素 D 能幫助鈣質吸收。鱸魚可以安胎，並促進產婦乳汁分泌。孕婦和產婦都可以多吃。

　　而剛手術、剖腹產完的病人，因為身體虛弱，咀嚼無力，加上體內或多或少還有麻醉藥殘留，胃腸的蠕動速度相對比較緩慢，這時候喝鱸魚湯，消化系統負擔較小。而最簡單的鱸魚湯，還可加入黃耆、當歸、川芎、黨參及枸杞等中藥材，補氣、活血，或是加入薑片、蔥去腥。鱸魚中的不飽和脂肪酸、維生素和礦物質含量豐富，常吃可以強健身體，一般人也能多多食用。

烹調運用

　　鱸魚湯可以說是最常見的作法，但是鱸魚的肉質鮮甜，除了煮湯之外，蒸、煎，或是紅燒、做羹湯等，都十分美味。

原味料理

橙汁香煎鴨胸

醋 71.4 公克　油脂 15.3 公克　鹽 653 毫克

滿溢柳橙香氣的鴨胸料理，輕輕鬆鬆，健康美味就馬上上桌！

【 材料 】

帶皮鴨胸⋯1副
馬鈴薯 ⋯⋯1顆
柳橙 ⋯⋯⋯4顆
番茄 ⋯⋯⋯1顆
洋蔥 ⋯⋯⋯½顆
蒜頭 ⋯⋯⋯3~4瓣

調味料
紅酒醋 ⋯⋯1½大匙
橄欖油 ⋯⋯2大匙
糖 ⋯⋯⋯⋯2大匙
新鮮百里香適量
低鈉鹽 ⋯⋯適量
胡椒 ⋯⋯⋯適量

吃出原味感動

鴨胸含脂量較低，用小火煎熟後香味四溢，淋上柳橙紅酒醋醬，酸酸的醬汁，搭配著鴨胸，降低了鴨肉的澀味，就像天生一對一樣，叫人越吃越喜愛。鴨胸的不飽和脂肪酸含量高，富含維生素 B，能降低膽固醇、促進新陳代謝，維護神經、心臟、消化等器官。

【 作法 】

1. 馬鈴薯削皮、切片；柳橙洗淨，2顆榨汁，2顆取果肉，並削下橙皮絲；番茄洗淨，對切；洋蔥去皮膜，切絲；蒜頭去皮膜，切末；鴨胸皮表面斜劃幾刀，水分吸乾，灑上適量低鈉鹽、胡椒。

2. 鍋中加入橄欖油，放入馬鈴薯略炒，再加入洋蔥絲、蒜末，加少許低鈉鹽、胡椒與百里香拌勻，放入烤箱，烤約10分鐘。

3. 鍋中加入一點橄欖油，將鴨胸皮朝下放入鍋中，用小火慢煎把鴨皮油脂逼出後，翻面煎至八至九分熟熄火，在鍋中靜置約5分鐘，取出與烤好的蔬菜盛盤。

4. 另起一小鍋，再放入糖、水，燒到有點焦黃後加入橙汁、橙肉、紅酒醋，放入1小匙煎鴨胸留下的汁，加入橙皮絲，小火煮約2~3分鐘，用低鈉鹽與胡椒調味成醬汁，將醬汁淋在鴨胸上即可。

原味料理

蝦仁豆腐鍋

糖 **19.6** 公克　油脂 **8.8** 公克　鹽 **2169** 毫克

{ 材料 }

蝦仁 ⋯⋯⋯ 10尾
豆腐 ⋯⋯⋯ 4塊
薑 ⋯⋯⋯⋯ 5片
蔥 ⋯⋯⋯⋯ 2支
太白粉 ⋯ 適量

調味料
薄鹽醬油膏 2小匙
無鹽高湯 1杯
低鈉鹽 ⋯ 適量

新鮮爽脆的蝦仁，加上營養豐富的軟嫩豆
是超爽口的健康輕食。

{ 作法 }

1. 蔥洗淨，切末；豆腐洗淨，切成4塊；蝦仁洗淨，挑去腸泥，加入低鈉鹽、太白粉稍醃，均備用。

2. 將豆腐、蝦仁放入電鍋內，再加入無鹽高湯、薄鹽醬油膏、薑片及適量水。

3. 外鍋加1杯水一起燉煮，燉熟後灑上蔥末即可。

吃出原味感動 ──「豆腐」

又細又滑嫩的豆腐，加上口感甘甜清脆的蝦仁一起蒸煮，每一口都叫人齒頰留香，難以忘懷。使用板豆腐或嫩豆腐都可，板豆腐散出濃濃豆香，而嫩豆腐口感細滑。而豆腐中富含蛋白質，食用後容易有飽足感，適合減肥者、動脈硬化、心臟病患者食用。其豐富的大豆卵磷脂有益於神經、血管、大腦的發育生長。

五香炒蝦仁

 醣 **13.3** 公克　 油脂 **12** 公克　 鹽 **2008** 毫克

刺激味蕾的香味撲鼻，利用天然香料可減少用鹽量，簡單的料理卻能增進體力！

{ 材料 }

蝦仁 ……… 300公克
洋蔥 ……… 1顆
生菜葉 …… 數片
蔥花 ……… 適量
橄欖油 …… 10公克

醃料
五香粉 …… ½匙
辣椒粉 …… ¼匙
咖哩粉 …… ¼匙
玉米粉 …… ½匙
糖 ………… ½匙
薄鹽醬油 … ½匙

{ 作法 }

1. 蝦仁洗淨，挑除腸泥，用刀劃開背部；洋蔥剝皮，切絲備用。

2. 將蝦仁放入碗中，加入醃料抓勻，略醃。

3. 熱油鍋，將洋蔥絲放入拌炒至軟，再加入作法2碗中所有的材料（含醃汁），待蝦肉轉粉紅色後，加入少許水，快速翻炒後起鍋。

4. 在盤上鋪上生菜葉，將五香炒蝦仁放上，再灑上蔥花即可。

蝦身堅挺、顏色青色者較新鮮。

蝦頭和蝦身連結堅韌者。

蝦子 *Shrimp*

盛產季（旬）：

月	1	2	3	4	5	6	7	8	9	10	11	12
肉	🦐	🦐	🦐	🦐	🦐	🦐	🦐	🦐	🦐	🦐	🦐	🦐

健康功效：

預防高血壓、抗氧化、增加
體力

幫助傷口癒合

　　台灣最常吃的蝦子有草蝦、明蝦、白蝦、
龍蝦、泰國蝦等，蝦子富含 DHA、EPA 等高度
不飽和脂肪酸，以及豐富的蛋白質及脂肪、醣
類，維生素 A、B1、B2、E 和礦物質鈣、磷、
鉀、碘、鐵等營養。尤其是蛋白質含量高出豬肉
約 15~20％，而脂肪含量比豬肉少約 35~40％，
是低脂肪、高蛋白的優良海鮮。但是膽固醇過高
的人要儘量避免食用。蝦子還有益於皮膚健康、
補腎壯陽及幫助傷口癒合。蝦紅素還有助於抗氧
化，是種美味又健康的海鮮。

　　蝦子中含有許多色素，但是其他色素遇熱
都會被破壞，只有蝦紅素遇高溫不會溶解，所以
蝦子新鮮時是青色的，煮熟後則是紅色的，而蝦
蟹的殼中都有幾丁質。蝦子的前處理通常是在蝦
背上劃一刀，先去除腸泥，用牙籤從蝦子背後第
2 到 3 節的中間處挑入，往上抽出就可以了。

烹調運用

　　蝦子除了快炒，
也可以用來做成醉蝦。
要讓蝦子吃起來甘甜清
脆的祕訣，就是用熱
水汆燙後再泡入冰水冰
鎮，這樣蝦肉吃起來就
會很清脆。

牛肉蔬菜濃湯

 醣48.8公克　油脂118.9公克　 鹽1079毫克

一鍋中富含了牛肉及多種蔬菜的營養，豐富的色彩及香味，更令人食指大動！

【材料】

牛肉 ⋯⋯ 600公克
紅蘿蔔 ⋯⋯ 1條
綠花椰菜 1棵
洋蔥 ⋯⋯ 1½個
馬鈴薯 ⋯⋯ 1個
番茄 ⋯⋯ 2顆

調味料
低鈉鹽 ⋯⋯ 1小匙
胡椒 ⋯⋯ 1小匙
無鹽高湯 6碗

【作法】

1. 牛肉洗淨汆燙，撈起沖淨；蔬菜均洗淨，備用。

2. 紅蘿蔔去皮，切塊；綠花椰菜切小朵；洋蔥切菱形片；馬鈴薯切塊；番茄切塊備用。

3. 牛肉放進鍋內，加入無鹽高湯，以大火燒開，轉小火慢燉1小時，加入除了綠花椰菜之外的所有材料，繼續燉煮30分鐘。

4. 再放進綠花椰菜後略煮，最後加入低鈉鹽、胡椒調味即可。

吃出原味感動——「牛肉」

　　要保有牛肉的香甜、多汁、鮮嫩，可以多利用燉煮的料理方式，以保留較多的營養素與牛肉的鮮美，也能增加身體對於牛肉營養素的消化率。牛肉在牛種、部位的選擇上很重要。不同的牛肉部位需要搭配合適的料理方式，才能保有原汁原味。

外觀濕潤、顏色鮮紅有光澤

新鮮牛肉沒有特殊腥味

牛肉
Beef

盛產季（旬）：

月	1	2	3	4	5	6	7	8	9	10	11	12
肉	🐮	🐮	🐮	🐮	🐮	🐮	🐮	🐮	🐮	🐮	🐮	🐮

健康功效：

補助女性造血、補氣、增加肌肉

幫助女性造血

　　牛肉是營養相當豐富的肉品，尤其是美國或是歐洲，牛肉可以說是主食，可以補氣、補益，而且還有內含人體所需之氨基酸、維他命B₆、鉀和蛋白質等，能增強體力及肌肉，老年人或是有動脈硬化、糖尿病、冠心病者都可以多吃。而且牛肉含有豐富的鐵質，鐵是造血必需的礦物質，所以手術過後，或是女生，都可以多吃牛肉滋補。

◎不同部分而有不同的運用

肩肉的油脂分布適中，但是口感稍硬，常用於壽喜燒或是涮牛肉；背脊肉筋少，肉質比較纖細，可以做壽喜燒、牛肉捲、牛排等。

上腰肉的肉質細嫩，做丁骨牛排或是涮牛肉都很適合。

里脊肉是牛肉中最柔軟的部分，幾乎沒有油脂，低脂高蛋白，菲力牛排指的就是這個部位。

臀肉的肉質軟，風味也很好，牛排、燒烤或是做成生牛肉片吃都很棒。

前胸肉口感比較厚、硬，可以用於燒烤；後胸則是所謂的五花肉或是牛腩部分，肥肉和瘦肉呈現層層排列，用來煎、炒、燒烤或燉肉都可以。

後腿肉的脂肪少、肉質粗糙，用來滷或是燉煮比較適合。

西班牙海鮮燉飯

 醣 298.8 公克　 油脂 20.3 公克　 鹽 2713 毫克

色澤鮮黃、香味動人的料理，加上鮮美動人的海鮮，難怪在全世界都受到歡迎。

{ 材料 }

米 ············· 2 杯	
洋蔥 ············· ½ 顆	
蒜頭 ············· 4~5 瓣	
紅甜椒 ········ 1 個	
番茄 ············· 1 顆	
蛤蜊 ············· 300 公克	
草蝦 ············· 300 公克	
花枝 ············· 1 隻	
雞腿肉 ········ 2 隻	
青豆仁 ········ ½ 杯	
白酒 ············· 100 c.c.	
無鹽高湯 ······ 400 c.c.	

調味料
薑黃粉 ········ 2 小匙
黑胡椒 ········ 1 小匙
義大利香料 ···· 1 小匙
低鈉鹽 ········ 1 小匙

{ 作法 }

1. 洋蔥、紅甜椒、番茄洗淨，切丁；蒜頭切末；草蝦去腸泥；花枝切圈；蛤蜊吐沙；雞腿肉切小塊備用。

2. 鍋中熱 3 大匙橄欖油，將雞腿肉炒至半熟，放入洋蔥丁、大蒜末炒香，再加入一半的甜椒丁、番茄丁拌炒 1 分鐘。

3. 加入米及所有調味料拌炒均勻。

4. 將白酒及高湯加入，燉煮至沸騰後，蓋上鍋蓋燜煮約 12~15 分鐘至米飯熟透。

5. 飯煮好先關火，將海鮮飯，灑上甜椒丁、青豆仁，再蓋上鍋蓋，小火燜煮約 6~7 分鐘至海鮮熟透即可。

吃出原味感動 ──「蛤蜊」

富含蛋白質、維生素 A、B 與多種礦物質，具有刺激食慾、化痰利尿、消腫止血的作用。含有牛磺酸，能排出血液中過多的膽固醇，防止動脈硬化，強化肝功能。此外，銅含量亦高，具有幫助胎兒神經發育的作用，對孕婦與胎兒都有幫助。

Part 5

這樣喫香草，
讓你不變老

有些美味訣竅不止是改變烹調的過程，

而是找到省時省力，又不省美味的方法；

像是加入一些可以提香，且能幫助身體抗氧化的香草，

就會讓料理口感加分，又達到減少調味料的目的。

香草入菜，享受原味生活

✦ ✦ ✦

香草迷人的天然香氣，總讓人感到心曠神怡，一整天都
充滿好心情。除了香氣外，你知道它還有什麼優點嗎？
為什麼香草要入菜？對健康有什麼幫助呢？
如果可以，在空間小小的陽台上，打造一個香草花園，
其實也很簡單喔。那，我們一起進入香草的健康世界
吧。

芳香植物帶來的悸動

　　香草的英文名叫「Herb」，源自拉丁語 herba。泛指具有香氣、藥用及調味功
能的植物。香草在歐美的應用十分普遍，就像中國人的蔥、薑、蒜一樣，所以他們
常在廚房或花園中栽種香草，在烹調料理時，隨手摘取加進菜餚中，讓餐桌上充滿
芳香氣味。而近年來，這股風潮也吹到了台灣，愈來愈多人喜愛在家中養幾盆香
草，隨時都能應用。特殊的花葉形狀，也能美化居家環境，讓「綠」充滿家中。

　　香草的的植物香油的成分，可以殺死空氣的細菌。而且經過科學研究，證實香
草植物具有良好的消炎、抗菌功效。在澳洲，醫院也使用香草植物的萃取精油來取
代消毒藥水，希望能帶給病人一個更好的醫療環境。

　　香草中含有的芳香精油，不但能安定情緒、消除憂鬱，對增進免疫系統也非

常有效喔。所以，我喜歡在家裡種上幾盆香草、隨手摘取幾片香草、沖進熱水，就成了一杯芳香氤氳的香草茶，午後來一杯，更能帶來閒適的好心情。把香草加入料理中，除了增香美味之外，也可緩解憂鬱情緒、幫助消除壓力呢，可以說是一舉數得。而獨特的芳香具有去腥作用，還能提出食材的原味，減少人工調味料的使用。

適合居家栽種的香草

第一次種香草的新手，我建議你可以到花市購買已有小苗的盆栽，對入門者而言，這些盆栽種植的失敗率極低。而選擇盆栽時，可選莖部粗大而結實、葉色鮮豔、盆底有白根露出者，這才是一株強壯的香草。買回家要記得放在有日照而且通風的環境中栽種，注意澆水、保持土壤濕潤，澆水時也不要直接將水澆在葉子或花瓣上。下面我們就來介紹幾種經常應用在料理中，比較容易種植的香草：

{ 迷迭香 Rosemary }

迷迭香的香味獨特，有去除腥味的功能，是料理上常用的植物。像是迷迭香羊排、烤魚、麵點等。適合陽光充足的環境，不喜歡過度潮濕，要注意排水，底盤不要積水，一般來說，在台灣只要避免長期淋雨，十分好栽種。

{ 羅勒 Basil }

具安定神經、幫助消化、利尿的功效，還能緩和偏頭痛、改善鼻塞症狀。在烹調時加入羅勒，不但可增添香氣、提味，還能紓解腹脹不適。適合陽光充足的環境，可早晚各澆一次水，保持土壤濕潤。

{ 鼠尾草 Sage }

是一種平民香草，氣味濃烈，可預防感冒、強化女性生殖系統有幫助，還能幫助消化喔。適合陽光充足、略有遮蔭的環境，土壤如果有缺水現象可適度澆水。

{ 巴西里 In Brazil }

將新鮮葉子放入口中咀嚼，能減少令人尷尬的口臭。有保護眼睛、利尿、促進消化的功效，適合拿來搭配料理。喜愛半日照的環境，不要讓陽光強烈照射，每日澆水一次即可。

迷迭香烤羊排

 醣 1.7 公克 　 油脂 54.2 公克 　 鹽 587 毫克

迷迭香可以去除羊排的腥羶味，讓這道羊排香氣迷人、更添風味。

【 材 料 】

羊排 ……… 4 大塊
迷迭香 …… 1 大匙
蒜頭 ……… 8 瓣

調味料 ⎰ 橄欖油 …… 3 大匙
低鈉鹽 …… 適量
胡椒 ……… 適量

{ 作 法 }

1. 將羊排、迷迭香洗淨；蒜頭去皮膜，切成末，均備用。

2. 將所有調味料混合均勻，放入羊排醃漬 4~6 小時，再將羊排放入烤箱中以 200℃ 的火候烤 15~18 分鐘至熟即可。

迷迭香的葉片狹長，長有濃密的短綿毛。

葉片表面是深綠色的，背面為銀灰色。

迷迭香 *Rosemary*

盛產季（旬）：

月	1	2	3	4	5	6	7	8	9	10	11	12
果	❀	❀	❀						❀	❀	❀	❀

健康功效：

預防老化、活化腦細胞、減輕頭痛暈眩

幫助增強記憶力

很多人都無法接受羊肉的腥羶味，而使用迷迭香可以去除羊排的腥羶味，讓迷迭香烤羊排香氣迷人可口。

迷迭香可以預防老化、改善記憶力衰退、減輕腸胃脹氣等。其迷人的芳香能安定神經、提神醒腦、強化心臟、幫助睡眠，還能保護毛髮、促進頭皮毛囊的血液循環。迷迭香還可紓緩女性經期的不適和不順症狀，排除體內的水份滯留，女性可以多吃。

在市面上有很多迷迭香的精油或是洗髮精等用品，這是因為迷迭香除了紓緩神經、消除水腫之外，還能清潔和改善膚質，促進血液循環，讓肌膚更緊實，甚至還有改善掉髮的功效喔。

烹調運用

迷迭香和雞肉、豬腳、羊排、草蝦等的味道都很搭。而且不管是新鮮或乾燥的迷迭香葉子都可以當做香料，加入各種料理裡，用來增加食物的香氣和風味。也可以用來泡花草茶飲用。

【原味料理】

紅花海鮮湯

 醣 14.6 公克　 油脂 17.3 公克　 鹽 2071 毫克

濃郁的番紅花香氣搭配各種鮮美的海鮮，能健脾開胃，讓人越吃越上癮。

〔材料〕

淡菜 ………3 個	
蛤蜊 ………10 個	
蝦 …………4~5 尾	
干貝 ………4 個	
魚肉 ………4 塊	
洋蔥 ………2 大匙	
蒜頭 ………適量	
白酒 ………2 大匙	
無鹽高湯 …適量	

調味料
番紅花 ……少許
橄欖油 ……2 大匙
低鈉鹽 ……少許
黑胡椒粉 …少許

〔作法〕

1. 洋蔥、蒜頭均去皮膜，切末；淡菜、蛤蜊、魚肉、干貝等均洗淨；鮮蝦洗淨，去腸泥。

2. 鍋中放入橄欖油，接著放入蒜末、洋蔥末爆香。再放入洗淨處理好的淡菜、蛤蜊、蝦、魚肉一起拌炒，加入白酒、無鹽高湯煮滾。

3. 最後加入低鈉鹽、黑胡椒粉調味，將海鮮煮熟即可。

吃出原味感動 ──「番紅花」

　　番紅花又稱為藏紅花，具有濃郁的香氣、鮮豔的色澤，搭配鮮美的海鮮，能誘發食慾，讓人一口接一口。番紅花可利用在醫藥、染色、香水製造與食用上，可以促進消化、健胃整腸、溫暖身體等，對女性很好，但是孕婦不能食用，容易造成流產。

〔原味料理〕

羅勒蝴蝶涼麵

醣 284.8 公克　油脂 26 公克　鹽 385 毫克

蝴蝶義大利麵口感紮實有咬勁，這道香味濃郁的低熱量涼麵總教人欲罷不能。

〔材料〕

通心粉（蝴蝶型）400 公克

紅番茄 ……… 3 顆

橄欖 ……… 15 顆

蒜頭 ……… 4 瓣

新鮮羅勒葉 15 公克

新鮮巴西里 15 公克

奧勒岡葉 …… 少許

調味料｛
巴薩米克醋 4 小匙

橄欖油 ……… 3 大匙

低鈉鹽 ……… 少許

黑胡椒粉 …… 少許

〔作法〕

1. 蒜頭去皮膜，與羅勒葉、歐芹、奧勒岡葉一起洗淨、切末；番茄洗淨，放入熱水中汆燙幾秒，撈起，去皮後切小塊，均備用。

2. 將香草及番茄放入碗中，加調味料拌勻為涼麵醬汁。

3. 將蝴蝶型通心粉煮熟，加入涼麵醬汁、橄欖拌勻，放入冰箱冷藏，食用前再放上羅勒葉裝飾即可。

吃出原味感動

炎炎夏日很多人都會感到食慾不振，這時候來盤開胃又清爽的羅勒蝴蝶涼麵，就能一消暑氣。而且這道涼麵沒有加入過多的調味料，只用新鮮香草和巴薩米克醋就能讓增香開胃，讓涼麵充滿濃郁芳香。煮通心粉時，一定要等水滾沸了再放入，再加點鹽一起煮，起鍋後，可以用冰涼的水浸過，更有 Q 彈口感。

香草野菇燉飯

 醣 265.5 公克　 油脂 31.7 公克　 鹽 251 毫克

這道主食不但充滿香氣，更將菇類的營養一次吃進去，大人小孩都喜愛。

{材料}

白米	2杯
洋菇	8個
杏鮑菇	4朵
鴻禧菇	1束
紅甜椒、黃甜椒各 ½ 顆	
洋蔥	¼ 顆
蒜頭	適量

調味料

橄欖油	3大匙
奶油	2大匙
無鹽高湯	1杯
黑胡椒、起司粉	適量
羅勒	適量
迷迭香	少許

{作法}

1. 白米洗淨；洋菇、杏鮑菇洗淨，切片；鴻禧菇洗淨，撕成適當大小；紅、黃甜椒洗淨，切條；洋蔥去皮膜，切小片；蒜頭去皮膜，切末，均備用。

2. 將橄欖油倒入鍋中，放入蒜末爆香，再放入洋蔥片炒至透明色，加入所有蔬菜和菇類炒香，撈出。

3. 在鍋中放入橄欖油、奶油，放入白米炒勻，加入高湯及適量清水煮滾，一邊攪拌煮至白米黏稠熟透。最後將炒香的料鋪在米飯上，等水分收乾，灑上羅勒、迷迭香、黑胡椒及起司粉拌勻即可。

杏鮑菇

King Oyster Mushroom

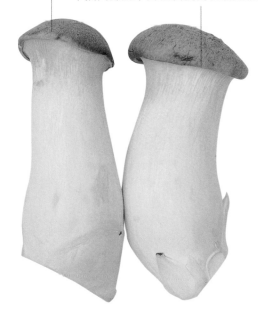

蕈蓋的顏色分為淺褐色和深褐色。

蕈摺內部是米白色或淺褐色者比較新鮮。

盛產季（旬）：

月	1	2	3	4	5	6	7	8	9	10	11	12
果	☺	☺	☺	☺	☺	☺	☺	☺	☺	☺	☺	☺

健康功效：

降低血壓、清除膽固醇、抑制癌細胞增殖

抑制癌細胞增殖

　　杏鮑菇含有大量植物性蛋白質、纖維質和礦物質鈣、磷、鐵與維生素 B1、B2、C 等，可以消暑、健胃、保肝，並能清除膽固醇、降血壓。其低脂、低糖、低鈉，而且熱量極低，想要減肥時多吃也不會發胖，又健康又美味。更受人注意的是，杏鮑菇中含有多醣體，可以幫助人體抑制癌細胞增殖，並且能增強淋巴細胞的活性、強化身體的免疫力

　　杏鮑菇有厚實的白色肉質菌柄，和棕、褐色的菌傘。會散發出一股淡淡的香氣。煮後會帶著菇類特有的鮮味，並且口感類似鮑魚，所以也有人說它是素食鮑魚。是屬於比較耐儲放的菇類，冰箱中可以放 3~7 天，冷凍可以保存更久，而且不會影響口感。

烹調運用

　　最常見的吃法就是用烤的，塗上少許的醬汁或是鹽去燒烤就很好吃。也能炒或是水煮後涼拌、煮湯等，都很適合，滋味清甜而且水分含量豐富。

香草醋佐鮭魚排

 醋0公克　 油脂71.5公克　 鹽102毫克

帶著純天然葡萄釀造香氣的巴薩米克醋，
加上新鮮香草，讓魚排不需多餘調味就有迷人滋味。

{ 材料 }

鮭魚排 ……4塊
橄欖油 ……2大匙

調味料
├ 新鮮羅勒 ……1大匙
├ 新鮮巴西里 1大匙
└ 巴薩米克醋 2大匙

{ 作法 }

1. 新鮮羅勒、巴西里洗淨，切碎並混勻。
2. 鍋中放入橄欖油，放入鮭魚排煎熟，取出排盤。
3. 將混勻之香草末灑在鮭魚排上，再淋上巴薩米克醋後即可。

吃出原味感動 ──「巴薩米克醋」

　　巴薩米克醋是葡萄收成後經過榨汁、長時間熬煮等過程，再放入橡木、栗樹、梣木、櫻桃木、和桑樹等各式木桶中，經過至少12年的發酵，才能成為釀造醋。其風味獨特，從開胃菜、麵食、主菜、乳酪，甚至飯後的甜點和冰淇淋都可加一點當醬汁。

香草炒嫩雞

糖 46.8 公克　油脂 8.3 公克　鹽 528 毫克

色澤鮮艷、香氣誘人的低油、低糖嫩雞料理，
讓人垂涎三尺、食慾大振。

{ 材料 }

去骨雞腿	3 隻
馬鈴薯	2 顆
紅番茄	2 顆
洋蔥	90 公克
新鮮羅勒葉	15 片
月桂葉	2 片
番茄糊	30 公克

調味料
白酒	適量
低鈉鹽	少許
太白粉	適量

{ 作法 }

1. 羅勒葉、月桂葉洗淨；番茄洗淨，切塊；馬鈴薯去皮，切塊；洋蔥去皮膜，切菱形片；雞腿洗淨，切塊，加入調味料醃 20 分鐘，均備用。

2. 平底鍋中放入雞腿塊，煎至雙面呈金黃色，放入番茄糊、洋蔥、馬鈴薯等炒香，轉小火炒至馬鈴薯熟透。

3. 最後加入羅勒葉、月桂葉炒香即可。

吃出原味感動 ──「自製番茄糊」

番茄糊質地濃稠，有番茄濃郁的香氣和酸味，可以增添料理豐富口感。如果怕市售番茄糊有添加物，不妨可以自製。先將 4 顆紅番茄去皮攪碎後備用，再用 2 大匙橄欖油爆香蒜末後，加入半顆洋蔥末，炒至甘甜香味傳出，接著放入番茄碎，攪拌至煮沸後熄火，起鍋前加入少許低鈉鹽及胡椒，就是健康番茄糊了。

細香蔥海鮮沙拉 醣19.3公克 油脂12公克 鹽1925毫克

充滿大海鮮味的沙拉，再搭配上新鮮香草的豐盛香氣，好吃的教人停不下來。

〔材料〕

蝦仁 ⋯⋯⋯8隻
花枝 ⋯⋯⋯½隻
干貝 ⋯⋯⋯3~4顆
羅蔓生菜 ⋯數片
小番茄 ⋯⋯4~6顆
洋蔥 ⋯⋯⋯½顆
黃甜椒 ⋯⋯½顆
細香蔥、百里香、
迷迭香 ⋯⋯數支

調味料
橄欖油 ⋯⋯少許
黑胡椒粉 ⋯適量
低鈉鹽 ⋯⋯2大匙

〔作法〕

1. 羅蔓洗淨，切塊；小番茄洗淨，對切；洋蔥去皮膜，
   切絲；甜椒洗淨，切絲；海鮮洗淨，放入滾水燙熟，
   撈起；細香蔥、百里香、迷迭香洗淨，切末，均備用。

2. 將所有材料放進大碗中拌勻即可。

吃出原味感動

　　加入了各種海鮮，是一道充滿大海鮮味的料理，再搭配上新鮮香草的芳香，吃起來清爽又可口、開胃。干貝是一種高蛋白的營養食品，含有能夠促進醣類、脂肪代謝的維生素B2，能提供皮膚黏膜所需的膠質蛋白，具有美容養顏的效果。其中還富含牛磺酸，可以強肝、預防心血管疾病。

洋蔥鮭魚卷

醣 **9.9** 公克　油脂 **44.1** 公克　鹽 **500** 毫克

超簡單可立即上桌的料理，低糖低熱量又能嚐到不同於以往的鮮美滋味。

〔材料〕

煙燻鮭魚 8 片
洋蔥 1 顆
酸豆 適量
檸檬 1 顆
歐芹 適量

調味料 橄欖油 適量

〔作法〕

1. 歐芹洗淨，切成細末；洋蔥去皮膜，切絲，泡入冰塊水中去辛辣，撈出；檸檬洗淨，切片，均備用。

2. 攤開煙燻鮭魚片，放入洋蔥絲及酸豆捲好，盛盤，淋上橄欖油，灑上歐芹末，將檸檬片放在旁邊，食用時擠上檸檬汁即可。

吃出原味感動

　　帶著些微煙燻炭香味的鮭魚片味道醇厚，只要捲上清甜的洋蔥絲和醋醃的酸豆就可以立即上桌，製作方法相當簡單，而且能嚐到不同於以往的好滋味！其名雖為酸豆，但其實它並非豆類，而是一種白花菜科野生灌木刺山柑的花苞醃漬而成的。通常用來去除腥味，和煙燻鮭魚搭配非常適合，也用在沙拉、蒸魚、義大利麵、披薩等料理上。

鼠尾草酒香牛肉

 醣 16.9 公克　 油脂 79.4 公克　鹽 688 毫克

香噴噴的紅酒燉牛肉，加上鼠尾草濃郁的香氣，一舉收服饕客的胃。

【 材 料 】

牛肉 …… 300公克
茄子 …… 100公克
洋蔥 …… ½顆
香菜 …… 1把
鼠尾草 …… 1小匙

調味料
低鈉鹽 …… 適量
黑胡椒粉 …… 適量
橄欖油 …… 3大匙
紅酒 …… 1杯
水 …… 3杯
無鹽高湯 …… 1杯
番茄醬 …… 1大匙

【 作 法 】

1. 茄子洗淨切塊；洋蔥切菱形片；香菜洗淨，切末；牛肉灑上低鈉鹽、黑胡椒粉備用。
2. 平底鍋中加入 1 大匙橄欖油，放入牛肉，煎至表面焦黃，撈起，淋上紅酒，再將牛肉倒入燉鍋中，加入水、無鹽高湯一起燉煮。
3. 平底鍋中加入 1 大匙橄欖油，放入洋蔥片、香菜末炒香，也移入燉鍋中，再用餘油拌炒茄子。
4. 燉鍋內食材煮沸，撈除浮渣，放入鼠尾草轉小火燉煮，加入茄子與番茄醬煮至入味即可。

蒂頭要飽滿有光澤，不會乾枯萎縮。

表皮的顏色越深表示越是新鮮。

茄子 *Eggplant*

盛產季（句）：

月	1	2	3	4	5	6	7	8	9	10	11	12
果	◖	◖	◖	◖	◖							◖

健康功效：

幫助傷口癒合、降低膽固醇、預防高血壓。

預防動脈硬化

　　茄子煮過之後的口感綿密軟爛，所以接受度不一。有些人很喜歡吃，有些人卻不喜歡它軟軟的咬感，尤其是小朋友大多不喜歡吃，可以把茄子切成細丁，加入肉末或是豆干一起炒，小朋友就比較能夠接受。

　　但是茄子其實非常健康喔。含有多種維生素和礦物質，尤其是維生素 P 可以增強身體的抵抗力，而豐富的纖維質可以降低血液中的膽固醇和高血壓。

　　很多人都會把茄子去皮，但是維他命 P 是存在茄子的表皮裡，所以最好是連皮食用比較好。切開後的茄子切口容易變色，可以先泡入鹽水裡防止變色。

烹調運用

　　茄子加熱烹煮後顏色或變成褐色，如果想要保持鮮豔的紫色可以先做過油的步驟，但是過油後維生素比較容易被破壞或是流失，還是水煮的最健康喔。

檸檬百里香烤雞

 醣21.1公克　 油脂75.7公克　 鹽509毫克

想來點不一樣的料理嗎？一道美味的低脂香草烤雞，也可以在家輕鬆完成。

{ 材料 }

全雞	1隻
檸檬	2顆
洋蔥	1顆
蒜頭	4瓣
新鮮百里香	4~5支

調味料
橄欖油	2大匙
黑胡椒	適量
低鈉鹽	適量

{ 作法 }

1. 洋蔥去皮膜，切絲；蒜頭去皮膜，整顆拍扁；檸檬洗淨，用叉子戳洞，均備用。

2. 烤盤先刷上適量橄欖油，洋蔥、蒜頭中加入適量黑胡椒、低鈉鹽拌勻，鋪在烤盤上。

3. 雞身內塞入整顆檸檬及百里香，放在烤盤的蔬菜上，雞身刷上適量橄欖油，再灑上適量黑胡椒、低鈉鹽。

4. 烤箱190℃預熱後，放入雞烤20分鐘，再將溫度升到200℃續烤30~45分鐘，直到雞肉表面變金黃色熟透。

吃出原味感動

　　百里香有幫助消化、解酒、利尿的功效。其中豐富的麝香酚成分，能消除疲勞、恢復體力，還可預防感冒、保護呼吸道、止咳化痰、改善經痛不適等。此外，用百里香來泡茶可以舒緩宿醉引起的頭痛。

泰味南薑透抽

 醣7.5公克　 油脂5.4公克　 鹽519毫克

南薑加上香茅交織出的美妙香味，成功的減少料理中魚露的用量。

〔材料〕

透抽	3尾
南薑	2塊
香茅	2支
朝天椒	2支
青蔥	15公克
豌豆莢	10公克
紅甜椒	30克
黃甜椒	20克

調味料
椰奶	2大匙
魚露	2小匙
椰糖	1小匙
米酒	2小匙

〔作法〕

1. 豌豆莢洗淨，撕去老絲；紅、黃甜椒洗淨，切絲；透抽洗淨，背部切十字花紋，切塊；南薑切片；香茅、朝天椒洗淨，切段；蔥洗淨，切段，均備用。

2. 鍋中倒入油燒熱，放入南薑片、香茅、朝天椒爆香，再放入透抽翻炒。放入豌豆莢、紅甜椒、黃甜椒、蔥段炒勻，最後加椰奶、魚露、椰糖、米酒調味即可。

吃出原味感動

　　甜辣的南薑，加上微酸的香茅，酸甜又帶點辣味的香氣，能誘發出透抽的鮮美好滋味，減少塩味和魚露的用量。南薑又稱為高良薑，在東南亞地區使用普遍。味道與薑類似，但沒有薑辣口，嚐起來辣中帶甜。有暖胃、散寒的功效，還能改善腹痛、消化不良等。

泰式酸子海鮮湯

 醣 14.8 公克　 油脂 3.9 公克　鹽 1461 毫克

無負擔的酸辣泰式海鮮湯，在食慾不振的炎炎夏日，喝上一碗，立即一掃酷暑煩躁。

{ 材 料 }

蝦子 ……… 300公克
花枝 ……… 1隻
蛤蜊 ……… 150公克
洋蔥 ……… 1/4顆
新鮮香茅 4根
新鮮檸檬葉 6片
辣椒 ……… 2支

調味料 酸子(羅望子)汁 3大匙

{ 作 法 }

1. 蝦子洗淨，去腸泥；花枝洗淨，切圈；蛤蜊吐沙；洋蔥去皮膜，切片；香茅切段；辣椒洗淨，切片；檸檬葉洗淨，均備用。

2. 鍋中放入洋蔥、香茅、檸檬葉、辣椒，加水一起煮滾，再放入酸子汁，最後放入蝦子、花枝、蛤蜊煮熟即可。

香茅散發檸檬香

嫩莖可以入菜。

香茅 Lemongrass

盛產季（旬）：

月	1	2	3	4	5	6	7	8	9	10	11	12
果	◐	◐	◐	◐	◐	◐	◐	◐	◐	◐	◐	◐

健康功效：

健胃整腸、安定心情、舒緩感冒。

預防動脈硬化

　　檸檬香茅屬禾本科，散發著檸檬芳香。在很多東南亞國家，像是泰國、越南、馬來亞等地，香茅是經常會使用的香草植物。

　　香茅富含檸檬醛，在胃部能與胃酸中和，轉為弱鹼性，達到健胃功效，還能安定心情。嫩莖可在超市購買，用來料理入菜，而葉片部分拿來泡茶飲用還能舒緩感冒的不適。

　　許多東南亞的料理，像是椰汁咖哩、海鮮酸辣湯等，香茅也是必備食材。近年來台灣流行的香茅火鍋，也因為散發出迷人的檸檬香而大受歡迎。

烹調運用

　　不管是新鮮或乾燥後的檸檬香茅，都帶有檸檬香氣，可以取代檸檬用來煮檸檬水或是高湯。用熱水沖泡成花草茶也很棒，也能預防感冒。

國家圖書館出版品預行編目 (CIP) 資料

吃出食材真滋味：50 堂打動人心的原味食材料理課 / 許美雅作 .
-- 二版 . -- 新北市：腳丫文化 , 2017.11
面；　公分 . -- (腳丫文化；K085)
ISBN 978-986-7637-94-9(平裝)
1. 食譜

427.1　　　　　　　　　　　　　　　106017685

腳丫文化
K 085

吃出食材真滋味：
50 堂打動人心的原味食材料理課

<table>
<tr><td>作　　　者</td><td>|</td><td>許美雅</td></tr>
<tr><td>企 劃 編 輯</td><td>|</td><td>黃佳燕</td></tr>
<tr><td>美 術 設 計</td><td>|</td><td>劉玲珠</td></tr>
<tr><td>封 面 設 計</td><td>|</td><td>李岱玲</td></tr>
<tr><td>主　　　編</td><td>|</td><td>謝昭儀</td></tr>
<tr><td>副 主 編</td><td>|</td><td>連欣華</td></tr>
<tr><td>出 版 社</td><td>|</td><td>腳丫文化出版事業有限公司</td></tr>
<tr><td>地　　　址</td><td>|</td><td>24158 新北市三重區光復路一段 61 巷 27 號 11 樓 A（鴻運大樓）</td></tr>
<tr><td>電　　　話</td><td>|</td><td>(02) 2278-3158、(02) 2278-3338</td></tr>
<tr><td>傳　　　真</td><td>|</td><td>(02) 2278-3168</td></tr>
<tr><td>E – m a i l</td><td>|</td><td>cosmax27@ms76.hinet.net</td></tr>
<tr><td>印　　　刷</td><td>|</td><td>通南彩色印刷有限公司</td></tr>
<tr><td>法 律 顧 問</td><td>|</td><td>鄭玉燦律師</td></tr>
<tr><td>電　　　話</td><td>|</td><td>(02)291-55229</td></tr>
<tr><td>發 行 日</td><td>|</td><td>2017 年 11 月二版一刷</td></tr>
<tr><td>定　　　價</td><td>|</td><td>新台幣 280 元</td></tr>
</table>

Printed in Taiwan